工业和信息化"十三五"人才培养规划教材　　1+X 证书制度

Bootstrap

响应式 Web 开发

黑马程序员 ◎ 编著

人民邮电出版社

北　京

图书在版编目（ＣＩＰ）数据

Bootstrap响应式Web开发 / 黑马程序员编著. — 北京：人民邮电出版社，2021.1（2024.1重印）
工业和信息化"十三五"人才培养规划教材
ISBN 978-7-115-54783-5

Ⅰ. ①B… Ⅱ. ①黑… Ⅲ. ①网页制作工具—高等学校—教材 Ⅳ. ①TP393.092

中国版本图书馆CIP数据核字(2020)第165826号

内 容 提 要

本书是面向移动 Web 开发学习者的一本入门教材，以通俗易懂的语言、丰富实用的案例，详细讲解 Bootstrap 的开发技术。

本书共 8 章，第 1～3 章讲解 Bootstrap 和移动 Web 开发的基础知识；第 4 章讲解移动端页面布局的相关知识；第 5～7 章讲解 Bootstrap 的核心知识，包括栅格系统、常用组件和布局样式的相关内容；第 8 章通过一个综合项目—潮流穿搭网站，讲解如何利用 Bootstrap 相关技术开发响应式网站。

本书既可作为高等教育本、专科院校计算机相关专业的教材，也可作为网站开发爱好者的参考读物。

◆ 编　　著　黑马程序员
　　责任编辑　范博涛
　　责任印制　马振武

◆ 人民邮电出版社出版发行　　北京市丰台区成寿寺路 11 号
　　邮编　100164　电子邮件　315@ptpress.com.cn
　　网址　https://www.ptpress.com.cn
　　三河市兴达印务有限公司印刷

◆ 开本：787×1092　1/16
　　印张：12.5　　　　　　　　　　2021 年 1 月第 1 版
　　字数：304 千字　　　　　　　　2024 年 1 月河北第 10 次印刷

定价：42.00 元

读者服务热线：**(010)81055256**　印装质量热线：**(010)81055316**
反盗版热线：**(010)81055315**
广告经营许可证：京东市监广登字 20170147 号

FOREWORD

序 言

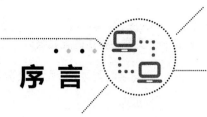

本书的创作公司——江苏传智播客教育科技股份有限公司（简称"传智教育"）作为我国第一个实现 A 股 IPO 上市的教育企业，是一家培养高精尖数字化专业人才的公司，主要培养人工智能、大数据、智能制造、软件开发、区块链、数据分析、网络营销、新媒体等领域的人才。传智教育自成立以来贯彻国家科技发展战略，讲授的内容涵盖了各种前沿技术，已向我国高科技企业输送数十万名技术人员，为企业数字化转型、升级提供了强有力的人才支撑。

传智教育的教师团队由一批来自互联网企业或研究机构，且拥有 10 年以上开发经验的 IT 从业人员组成，他们负责研究、开发教学模式和课程内容。传智教育具有完善的课程研发体系，一直走在整个行业的前列，在行业内树立了良好的口碑。传智教育在教育领域有 2 个子品牌：黑马程序员和院校邦。

一、黑马程序员——高端 IT 教育品牌

黑马程序员的学员多为大学毕业后想从事 IT 行业，但各方面的条件还达不到岗位要求的年轻人。黑马程序员的学员筛选制度非常严格，包括了严格的技术测试、自学能力测试、性格测试、压力测试、品德测试等。严格的筛选制度确保了学员质量，可在一定程度上降低企业的用人风险。

自黑马程序员成立以来，教学研发团队一直致力于打造精品课程资源，不断在产、学、研 3 个层面创新自己的执教理念与教学方针，并集中黑马程序员的优势力量，有针对性地出版了计算机系列教材百余种，制作教学视频数百套，发表各类技术文章数千篇。

二、院校邦——院校服务品牌

院校邦以"协万千院校育人、助天下英才圆梦"为核心理念，立足于中国职业教育改革，为高校提供健全的校企合作解决方案，通过原创教材、高校教辅平台、师资培训、院校公开课、实习实训、协同育人、专业共建、"传智杯"大赛等，形成了系统的高校合作模式。院校邦旨在帮助高校深化教学改革，实现高校人才培养与企业发展的合作共赢。

（一）为学生提供的配套服务

1. 请同学们登录"传智高校学习平台"，免费获取海量学习资源。该平台可以帮助同学们解决各类学习问题。

2. 针对学习过程中存在的压力过大等问题，院校邦为同学们量身打造了 IT 学习小助手——邦小苑，可为同学们提供教材配套学习资源。同学们快来关注"邦小苑"微信公众号。

（二）为教师提供的配套服务

1. 院校邦为其所有教材精心设计了"教案+授课资源+考试系统+题库+教学辅助案例"的系列教学资源。教师可登录"传智高校教辅平台"免费使用。

2. 针对教学过程中存在的授课压力过大等问题，教师可添加"码大牛"QQ（2770814393），或者添加"码大牛"微信（18910502673），获取最新的教学辅助资源。

前言
Preface

　　本书在编写的过程中，结合党的二十大精神进教材、进课堂、进头脑的要求，将知识教育与思想政治教育相结合，通过案例加深学生对知识的认识与理解，注重培养学生的创新精神、实践能力和社会责任感。案例设计从现实需求出发，激发学生的学习兴趣和动手思考的能力，充分发挥学生的主动性和积极性，增强学习信心和学习欲望。在知识和案例中融入了素质教育的相关内容，引导学生树立正确的世界观、人生观和价值观，进一步提升学生的职业素养，落实德才兼备的高素质卓越工程师和高技能人才的培养要求。此外，编者依据书中的内容提供了线上学习的视频资源，体现现代信息技术与教育教学的深度融合，进一步推动教育数字化发展。

　　随着移动互联网行业的高速发展，移动端页面的表现力和性能越来越受到企业的重视，界面的友好性和操作的方便性是技术开发的重要方向。

　　作为一款优秀的 Web 前端框架，Bootstrap 遵循移动优先的原则，所开发的页面具有响应式的特性，突出对移动端的支持。它的灵活性和可扩展性加速了移动端页面开发的进程，自开源之后受到开发人员的追捧，推动了相关技术的发展。

◆为什么要学习本书

　　要实现一个复杂的移动 Web 页面，开发人员往往需要使用多种移动 Web 开发技术。为帮助读者掌握相关技术，笔者组织编写了本书。

　　本书适合于具有 HTML5、CSS3、JavaScript 基础的开发人员，重点讲解了移动 Web 开发和 Bootstrap 的相关技术，采用"知识讲解 + 综合项目"的方式，帮助读者系统地学习知识点，培养读者分析问题和解决问题的能力。本书将抽象的概念具体化，将知识实践化，让读者深入理解相关知识，并能动手开发。

◆ 如何使用本书

　　本书共 8 章，各章内容具体如下。

　　● 第 1 章主要讲解 Bootstrap 的基础知识，内容包括 Bootstrap 概述、浏览器、Visual Studio Code 编辑器和移动 Web 开发的主流方案。通过学习本章的内容，读者能对 Bootstrap 有个初步的认识。

　　● 第 2 章主要讲解移动 Web 开发基础，内容包括视口、移动 Web 页面的样式编写、分辨率和设备像素比、二倍图、SVG 矢量图。通过学习本章的内容，读者可对移动 Web 开发的基础知识有一定的了解，并为后续的学习奠定基础。

　　● 第 3 章仍然讲解移动 Web 开发基础，内容包括 HTML5 常用 API、移动端常用事件、移动端常用插件。通过学习本章的内容，读者能够掌握 API 和事件的使用。

　　● 第 4 章主要讲解移动端页面布局，包括移动端页面常用布局、流式布局、弹性盒布局、媒体查询、Rem 适配布局、Sass、Less 和 Bootstrap 响应式布局。通过学习本章的内容，读者能够掌握移动端页面布局的基本使用。

　　● 第 5 章主要讲解 Bootstrap 栅格系统，内容包括栅格系统简介、Bootstrap 布局容器、栅格系统的基本使用、栅格系统的屏幕适配、栅格系统中列的操作。通过学习本章的内容，读者能够掌握 Bootstrap 栅格系统的使用。

　　● 第 6 章主要讲解 Bootstrap 框架常用组件，内容包括组件基础、Bootstrap 常用组件、Bootstrap 实现菜单功能、Bootstrap 实现轮播图功能。通过学习本章的内容，读者能够掌握 Bootstrap 常用组件的使用。

　　● 第 7 章主要讲解 Bootstrap 常用布局样式，内容包括内容布局、代码和图文布局、表格布局、辅助样式。通过学习本章的内容，读者能够使用 Bootstrap 所提供的常用布局样式，实现优雅、美观的页面布局效果。

● 第 8 章主要讲解综合项目——潮流穿搭网站。本章带领读者开发一个真实项目，内容包括项目分析、前期准备、代码讲解。通过学习本章的内容，读者能够掌握网站开发的真实流程和开发技巧，并可在项目中增加其他的功能模块，进一步完善网站的功能。

在学习的过程中，读者一定要多动手多练习，有不懂的地方，可以登录"高校学习平台"，通过平台中的教学视频进行深入学习。读者还可以在"高校学习平台"进行测试，巩固所学知识。另外，如果读者在学习过程中遇到困难，建议不要纠结于某一知识点，可先往后学习。随着学习的不断深入，前面不懂的地方一般也就慢慢理解了。

◆ 致谢

本书的编写和整理工作由传智播客教育科技有限公司完成，主要参与人员有韩冬、豆翻、张瑞丹等，全体人员在近一年的编写过程中付出了很多辛勤的汗水，在此一并表示衷心的感谢。

◆ 意见反馈

尽管笔者付出了很大的努力，但书中难免会有不妥之处，欢迎读者朋友们提出宝贵意见，我们将不胜感激。

来信请发送至电子邮箱 itcast_book@vip.sina.com。

黑马程序员
2023 年 5 月于北京

目录
Contents

第 1 章

初识 Bootstrap

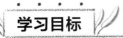学习目标

拓展阅读

★ 掌握 Bootstrap 的概念、特点和组成

★ 了解 PC 端浏览器和移动端浏览器的区别

★ 熟悉 Visual Studio Code 编辑器的使用

★ 熟悉移动 Web 开发的主流方案

　　Bootstrap 是一款非常优秀的 Web 前端框架，其灵活性和可扩展性加速了响应式页面开发的进程。Bootstrap 遵循移动优先的原则，在开源之后迅速受到开发人员的追捧，推动了响应式技术的发展。为了让读者对 Bootstrap 有一个初步的认识，本章将会对 Boostrap 的基本概念、浏览器、Visual Studio Code 编辑器、移动 Web 开发等内容进行详细讲解。

1.1　Bootstrap 概述

1.1.1　什么是 Bootstrap

　　Bootstrap 是由 Twitter 公司的设计师 Mark Otto（马克•奥托）和 Jacob Thornton（雅各布•桑顿）合作开发的开源框架，该框架基于 HTML、CSS 和 JavaScript 语言编写，于 2011 年 8 月在 GitHub 上发布，一经推出就颇受欢迎。Bootstrap 具有简单、灵活的特性，常用于开发响应式布局和移动设备优先的 Web 项目，能够帮助开发者快速搭建前端页面。

　　到目前为止，Bootstrap 已经发布了多个版本，在本书编写时 Bootstrap 的最新版本是 4.4.1。

▎▎小提示：

　　所谓框架，顾名思义就是一套架构，它有一套比较完整的解决方案，而且控制权在框架本身。Bootstrap 是一款用于网页开发的框架，它拥有样式库、组件和插件，使用者需要按照框架所规定的某种规范进行开发。

1.1.2　Bootstrap 的特点

　　通过 Bootstrap 框架结合 HTML、CSS 和 JavaScript 技术，可以构建出非常优雅的前端页面，

而且占用资源较小。Bootstrap 框架的特点如下。

1. 响应式设计

Bootstrap 框架为用户提供了一套响应式的移动设备优先的流式栅格系统，拥有完备的框架结构，项目开发方便、快捷，提高了开发效率。

2. 移动设备优先

随着移动设备的使用者越来越多，自 Bootstrap 3 开始，框架设计理念发生了改变，转为以移动设备优先为目标，Bootstrap 3 默认样式为移动设备提供了友好的支持。

3. 浏览器支持

目前主流浏览器都支持 Bootstrap 框架，包括 IE、Firefox、Chrome、Safari 等。Bootstrap 4 兼容 IE 10+ 和 iOS 7+。

4. 低成本、易上手

学习 Bootstrap 框架的门槛不高，只需要读者具备 HTML、CSS 和 JavaScript 的基础知识即可。Bootstrap 框架拥有完善的文档，在开发中便于查找，使用起来比较方便。Bootstrap 还具有强大的扩展性，能够很好地与现实中的 Web 开发项目相结合。

5. CSS 预编译

CSS 预编译的工作原理是，提供便捷的语法和特性以便开发者编写源码，然后使用专门的编译工具将源码转化为 CSS 语法。Bootstrap 4 中使用 Sass（一种 CSS 扩展语言）进行 CSS 编写和预编译，减少了冗余代码，使 CSS 样式代码更容易维护和扩展。

6. 框架成熟

Bootstrap 框架发展比较成熟，它不断适应 Web 技术的发展，在原有的基础上进行更新迭代和完善，并在大量的项目中被广泛使用，并通过不断测试得以完善。

7. 丰富的组件库

Bootstrap 框架提供了功能强大的组件与插件，如小图标、按钮组、菜单导航、标签页等。丰富的组件和插件可以使开发人员快速搭建前端页面。开发人员还可以根据实际需要进行组件和插件的定制。

1.1.3　Bootstrap 的组成

Bootstrap 预定义了一套 CSS 样式库和一套对应的 JavaScript 代码，在使用时只需提供基本的 HTML 结构，并添加 Bootstrap 预先提供的 class 名称，就可以实现指定的效果。在熟悉了 Bootstrap 的基本概念后，下面介绍 Bootstrap 的主要组成部分。

1. 基本结构

Bootstrap 提供了一个带有网格系统、链接样式、背景的基本结构。

2. CSS 样式库

Bootstrap 自带全局的 CSS 样式，并预先定义了基本的 HTML 元素样式、可扩展的 class，以及一个先进的栅格布局系统。Bootstrap 的全局样式在 Normalize.css（一款用来重置浏览器默认样式的样式库）的基础上，进行了一些改良，目的是让其更符合 Bootstrap 的设计思想。

3. 布局组件

Bootstrap 包含了丰富的组件库，提供了十几个可重用的组件，用于创建图像、下拉菜单、导航、警告框、弹出框等。

4. 插件

Bootstrap 提供了一些基于 jQuery（一个用于简化 JavaScript 库）构建的可选插件，用于实现某些功能，如分页、文件选择、日期选择等。

▌▌▌ **小提示：**

Bootstrap 框架还允许开发人员自由定制 Bootstrap 的组件、Sass 变量和 jQuery 插件，从而得到一套自定义的版本，提高了开发的灵活性。

1.2　浏览器

浏览器（Web Browser）是一种用于展示万维网信息资源的应用程序，它是互联网时代的产物，可以用来显示网页、图片、影音及其他内容等，以便用户与网页进行交互。下面将详细讲解 PC 端浏览器和移动端浏览器的相关内容。

1.2.1　PC 端的浏览器

目前，市面上的浏览器种类繁多，如果按照设备类型来划分，主要包括 PC 端浏览器和移动端浏览器；如果按照浏览器的内核来划分，主要包括 Blink、WebKit 和 Trident 等。

PC 端的浏览器主要包括 Google（谷歌）公司的 Chrome 浏览器、Mozilla 公司的 Firefox 浏览器、苹果公司的 Safari 浏览器、微软公司的 Internet Explorer（简称 IE）和 Edge 浏览器等。不同的浏览器具有不同的特点，开发者可以根据个人习惯进行选择。本书推荐使用 Chrome 浏览器，所以接下来主要针对 Chrome 浏览器进行讲解。

Chrome 浏览器的内核基于开源引擎 Blink（Blink 由 WebKit 衍生而来），其目的是提升浏览器的稳定性，并创建出简单高效的用户界面。

与其他主流浏览器相比，Chrome 浏览器的主要优势如下。

（1）市场占有率高，兼容性好。

（2）界面简洁、简单易用。

（3）基于强大的 JavaScript V8 引擎，速度很快。

（4）可通过扩展插件增强功能，便于开发人员使用。

（5）内置防止"网络钓鱼"及恶意软件功能，更加安全。

（6）跨平台，支持 PC 端的 Windows、Linux 和 Mac 系统，以及移动端的 Android 和 iOS 系统。

▌▌▌ **小提示：**

微软公司推出的早期版本的 IE 浏览器并没有完全遵循 W3C 规范，导致不同版本的 IE 浏览器往往会出现不同的 Bug。IE 6、IE 7 是 IE 浏览器兼容性问题的重灾区，IE 8 和 IE 9 基本没有太大的问题，但对 HTML5、CSS3 等新技术的支持不全面。因此，推荐读者使用最新版本的 Chrome 浏览器进行开发。

1.2.2　移动端设备

目前市面上的移动端应用主要针对手机端设备开发，主要包括 Android、iOS 等手机设备。

随着手机市场的不断发展，手机的屏幕尺寸不断增多，手机分辨率和大小也不尽相同，碎片化严重。常见的移动端设备如图 1-1 所示。

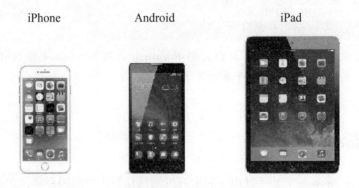

iPhone　　　　　Android　　　　　iPad

图 1-1　常见的移动端设备

图 1-1 中，Android 设备有多种分辨率，如 1440×3040px、1440×3200px，以及将来可能会普及的 4K 分辨率。

近年来，iPhone（iOS 系统）的屏幕碎片化也加剧了，其设备的分辨率主要包括 750×1334px、1080×1920px、1242×2688px 等。

下面列举常见的移动端设备的屏幕尺寸，具体如表 1-1 所示。

表 1-1　常见的移动端设备的屏幕尺寸

移动端设备	屏幕尺寸（英寸）	分辨率（px）
iPhone 6/6S/7/8	4.7	1334×750
iPhone 6/7/8 Plus	5.5	1920×1080
iPhone X/XS	5.8	2436×1125
iPhone XR	6.1	1792×828
iPhone XS Max	6.5	2688×1242
iPad Mini 4/2	7.9	2048×1536
Samsung Galaxy S10+	6.4	3040×1440
Samsung Galaxy S20	6.2（直角）	3200×1440
Samsung Galaxy S20+	6.7	3200×1440
Samsung Galaxy S20 Ultra	6.9	3200×1440
Samsung Galaxy Note4	5.7	2560×1440

表 1-1 中，不同的移动设备有不同的屏幕尺寸、分辨率，如 iPhone XR 手机的屏幕尺寸为 6.1 英寸（1 英寸 =2.54 厘米），分辨率为 1792×828px。

1.2.3　移动端的浏览器

随着 Android、iOS 系统手机的不断推出，手机中都会用到移动 Web 浏览器。例如，Android 系统内置的 Android Browser、iOS 系统内置的 Mobile Safari，以及一些国产的浏览器如 UC 浏览器、QQ 浏览器、百度浏览器等。

这些移动 Web 浏览器不同于过去的 WAP 浏览器，它们可以识别和解析 HTML、CSS、JavaScript 代码。而且大多数移动 Web 浏览器是基于 WebKit 内核的，可很好地支持 HTML5。

对于 Web 前端开发人员来说，移动 Web 开发与 PC 端 Web 开发所使用的技术是类似的，都是使用 HTML、CSS 和 JavaScript 等基本语言，但移动端的 Web 项目的呈现依赖于移动端浏览器。因此，在移动 Web 开发中，需要注意以下两点。

（1）移动端设备受屏幕尺寸限制，操作的局限性比较大，所以要注意页面的结构不能过于复杂，要提炼出网站最核心的功能，并简洁清晰地呈现出来。

（2）要注意移动端的操作方式的改变。移动端页面的所有交互活动由鼠标控制变为手指触屏控制，操作方式更加丰富，如摇一摇、双指放大、滑动、双击、单击等。

1.3　Visual Studio Code 编辑器

1.3.1　什么是 Visual Studio Code

Visual Studio Code（简称 VS Code）是由微软公司推出的一款免费、开源的代码编辑器，一经推出便受到开发者的欢迎。对于前端开发人员来说，一个强大的编辑器可以使开发变得简单、便捷、高效。本书选择使用 VS Code 编辑器作为开发工具。

VS Code 编辑器具有如下特点。

（1）轻巧极速，占用系统资源较少。

（2）具备语法高亮显示、智能代码补全、自定义快捷键和代码匹配等功能。

（3）跨平台。不同的开发人员为了工作需要，会选择不同平台来进行项目开发，这在一定程度上限制了编辑器的使用范围。VS Code 编辑器不仅是跨平台的（支持 Mac、Windows 和 Linux），而且使用起来也非常简单。

（4）主题界面的设计比较人性化。例如，可以快速查找文件并直接进行开发，可以分屏显示代码、自定义主题颜色（默认为黑色），并可以快速查看最近打开的项目文件和查看项目文件结构。

（5）提供丰富的插件。VS Code 提供了插件扩展功能，用户可根据需要自行下载和安装插件，只需在安装配置成功后重新启动编辑器，即可使用此插件提供的功能。

1.3.2　下载和安装 Visual Studio Code

通过前面的学习，我们了解了 VS Code 编辑器的特点。下面将讲解 VS Code 编辑器的下载和安装过程。

打开浏览器，登录 VS Code 官方网站。在网站的首页可以看到软件下载按钮，如图

1–2 所示。

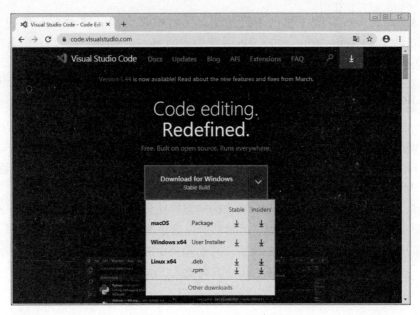

图 1–2　VS Code 官方网站

在图 1–2 所示的页面中，单击"Download for Windows"按钮，该页面会自动识别当前的操作系统并下载相应的安装包。如果需要下载其他系统的安装包，可以单击按钮右侧的小箭头，然后在弹出的菜单中就会看到其他系统版本的下载列表。

将 VS Code 编辑器下载完成后，双击安装包启动安装程序，然后按照程序的提示一步一步进行操作，直到安装完成。

1.3.3　使用 Visual Studio Code

将 VS Code 编辑器安装成功后，启动编辑器，主界面如图 1–3 所示。

图 1–3　VS Code 编辑器主界面

需要注意的是，VS Code 默认语言是英文，如果想要切换为中文，请单击左边栏中的第

5 个图标按钮"Extensions"（扩展），然后输入关键词"chinese"即可找到中文语言扩展，单击"Install"按钮进行安装即可。

▋▋ **小提示：**

　　VS Code 默认的主题为黑色背景，如果想要更换主题，请单击左下角齿轮形状"Manage"（管理）按钮，然后在弹出的菜单中选择"Color Theme"（颜色主题）。图 1–3 使用的主题为明亮背景的 Light+ (default light)。

　　在 VS Code 编辑器的"欢迎使用"界面中，单击"打开文件夹…"，就可以选择某个文件夹来作为项目的根目录。

　　打开文件夹后，创建一个简单的网页，进入到代码编辑环境，如图 1–4 所示。

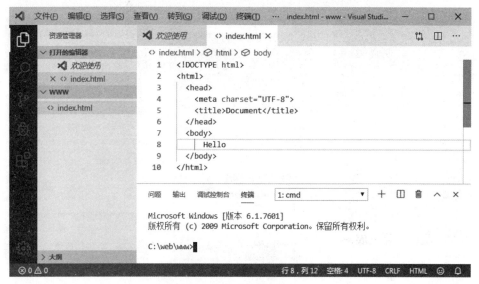

图 1–4　代码编辑环境

　　在图 1–4 中，左侧有一个资源管理器。在资源管理器中，可以查看项目的目录结构。在资源管理器中任意选择一个文件，即可在右侧的代码编辑区域对该文件进行编辑。

　　在代码编辑区域，可以同时打开多个文件并通过标签页进行切换，标签页的标题"index.html"表示文件名。如果未对代码进行更改，当切换到其他文件进行编辑时，将会替代当前的标签页。如果不希望替换此标签页，可以双击此标签页的标题。

　　代码编辑区域的下半部分是一个带有"问题""输出""调试控制台""终端"选项卡和各种按钮的面板。在"终端"选项卡中可以很方便地执行命令。

1.4　移动 Web 开发的主流方案

　　Bootstrap 是基于移动端的发展而诞生的，它利用响应式 Web 开发技术，实现了页面同时兼容 PC 端和移动端。在学习 Bootstrap 之前，应先了解移动 Web 开发的主流方案。目前市场上主流的移动 Web 开发方案有两种，一种是单独制作移动端页面，另一种是制作响应式页面同时兼容 PC 端和移动端。Bootstrap 属于第 2 种方案。本节主要介绍这两种主流方案的区别，使读者对这两种方案有初步的了解，在实际开发中可以根据项目的实际需求来选择最为合适的开发方案。

1.4.1 单独制作移动端页面

通常，单独制作移动端页面并不改变原有的 PC 端页面，而是针对移动端单独开发出一套特定的版本，在网站的域名中使用二级域名"m"（含义为 mobile）来表示移动端网站。例如，在移动端浏览器中访问淘宝网的网址，即可打开淘宝网的移动端页面。有些网站还会智能地根据当前访问的设备来跳转到对应的页面。如果是移动设备，则跳转到移动端页面；如果是 PC 端设备，则跳转到 PC 端页面。

下面列举几个比较常见的单独制作移动端页面的网站，网站首页的显示效果如图 1-5 所示。

图 1-5 单独制作移动端页面的网站

在图 1-5 中，分别展示了淘宝首页、京东首页和苏宁首页的移动端页面效果。

单独制作移动端页面的优点在于，可以充分考虑到平台的优势和局限性，从而创建良好的用户体验设计，并且网页在移动设备上加载得更快。

由于单独制作移动端网站会产生多个 URL（PC 端一套 URL，移动端一套 URL），因此重定向移动网站需要花费一些时间。同时，需要对搜索引擎做一些处理，会使维护成本增加。而且，它可能需要针对不同的屏幕尺寸去分别制作多个网站，对于开发人员来说，工作量比较大。

1.4.2 制作响应式页面

响应式页面是指同一页面在不同屏幕尺寸下可实现不同的布局，从而使一个页面兼容不同的终端。这里所说的终端主要包括 PC 端和移动端，它们的分辨率和屏幕大小都是不同的。在开发网站时，只需加入响应式设计就可以兼容这些终端，而不必单独制作移动端页面。响应式开发主要是为了解决移动互联网浏览的问题，通过响应式设计能使网站在手机和平板电脑上有更好的浏览、阅读体验。

在开发移动端页面的过程中，当调整浏览器窗口时，将会通过判断浏览器窗口的宽度来改变样式，页面结构会根据浏览器窗口的大小重新展示，以适应不同的移动终端设备。例如，打开华为网站，运行结果如图 1-6 所示。

图 1-6　初始页面

下面通过鼠标拖曳缩小浏览器的窗口宽度，会看到网页的布局会随之发生变化，效果如图 1-7 所示。

图 1-7　页面的响应式效果

从图 1-7 可以看出，当调整了浏览器的窗口大小后，页面结构会发生相应的变化。由此可见，响应式设计给用户带来了友好的页面体验，同一个页面在不同的设备上可以实现不同的布局。

在理解了响应式页面的基本概念后，下面简要介绍响应式开发的特点。

1. 跨平台

响应式开发具有跨平台的优势，能够快捷地解决多终端设备的显示适配问题，只需开发一套网站就可以在多个平台使用，给用户带来风格一致的视觉体验。

2. 便于搜索引擎收录

响应式网站制作完成后，无论在移动端设备还是 PC 端设备上访问，访问的都是同一个链接地址，这样就不会分散网站的权重，提升网站对搜索引擎的友好度。

3. 节约成本

响应式网站可以兼容多个终端，开发者不需要为各个终端编写不同的代码。并且响应式网站可以实现只用一个后台来进行管理，多个终端的数据保持同步，这样在制作的时候就可以减少专职程序开发人员的配备。对于开发者而言，减少了大量重复的工作，提高了工作效率；对于公司而言，节省了人员开支，降低了开发成本。

> **小提示：**
>
> 响应式设计是一种相对较新的技术，在比较老的设备或浏览器上加载页面的速度会比较慢。另外，因为在移动端和 PC 端上的用户体验不同，响应式也有一定的局限性，有可能无法同时满足两个平台的用户使用。

本章小结

本章首先介绍了 Bootstrap 的概念、特点和组成，使读者对 Bootstrap 有一个初步的认识；然后介绍了 PC 端和移动端常用浏览器的内容，以及 VS Code 开发工具的下载、安装和基本配置；最后讲解了移动 Web 开发的两种主流方案，一种是单独制作移动端页面，另一种是制作响应式页面。在实际开发过程中，虽然利用 Bootstrap 能够很快速地完成响应式页面的开发，但若想要完成一个复杂的移动 Web 页面，往往不仅需要用到 Bootstrap，而且需要结合多种移动 Web 开发技术才能实现。因此，本书将在后面的第 2 章和第 3 章中详细讲解移动 Web 开发的基础知识。

课后练习

一、填空题

1. Bootstrap 是由_____公司的设计师合作开发的框架。
2. Bootstrap 在开发中遵循_____优先的原则。
3. Bootstrap 框架基于 HTML、CSS 和_____技术，可以构建出非常优雅的前端界面。
4. Chrome 浏览器内核基于_____开源引擎。
5. iOS 系统内置的浏览器是_____。

二、判断题

1. Bootstrap 4 支持 IE 9+ 浏览器。 (　　)
2. Bootstrap 4 中使用 CSS 预编译，使得 CSS 样式代码更加容易维护和扩展。 (　　)
3. 在 Bootstrap 4 中，根据 class 类指定标签的外观和形状，并用不同的类名实现不同的样式。 (　　)
4. VS Code 是由微软公司推出的一款免费、开源的编辑器。 (　　)
5. 响应式 Web 开发是指同一页面在不同屏幕尺寸下有不同的布局。 (　　)

三、选择题

1. 下列选项中，不属于 Bootstrap 框架特点的是（　　）。
   A. 提供 CSS 预编译　　　　　　　　B. 组件丰富
   C. 响应式移动设备优先　　　　　　　D. 学习成本高

2. 下列选项中，关于 Bootstrap 的说法正确的是（　　）。
   A. 它提供了一个带有网格系统、链接样式、背景的基本结构
   B. 它自带全局的 CSS 样式
   C. Bootstrap 提供了强大的插件
   D. 以上全部正确

3. 下列选项中，不属于 Chrome 浏览器优势的是（　　）。
   A. 市场占有率低，兼容性差
   B. 提供了很多方便开发者使用的插件
   C. 设计简单易用、开发高效的 Web 浏览工具
   D. 基于强大的 JavaScript V8 引擎，速度快

4. 下列选项中，关于移动端 Web 浏览器说法正确的是（　　）。
   A. Android 系统内置 Mobile Safari 浏览器
   B. iOS 系统内置 Android Browser 浏览器
   C. iOS 系统内置 Mobile Safari 浏览器
   D. 大多数移动端 Web 浏览器都是基于 Trident 内核开发的

四、简答题

1. 简述 Bootstrap 的特点。
2. 简述响应式 Web 开发的特点。

第**2**章

移动 **Web** 开发基础（上）

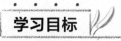学习目标

拓展阅读

★ 掌握视口的基本概念和使用方法

★ 掌握移动 Web 页面的样式编写方法

★ 理解分辨率和设备像素比的概念

★ 掌握二倍图的使用方法

★ 掌握 SVG 矢量图的使用方法

在熟悉了 Bootstrap 框架和移动 Web 开发的主流方案后，本章将对移动 Web 开发的基础知识进行讲解。本章内容主要包括视口、移动端 Web 页面的样式编写、分辨率、设备像素比、二倍图和 SVG 矢量图等。其中，移动端页面的显示效果与移动端设备的视口有关，在移动端页面可以通过 <meta> 标签设置理想视口。在开发时还需要注意移动端设备的屏幕分辨率适配问题，以及图片的显示问题。

2.1 视口

手机的屏幕尺寸多种多样，不同手机屏幕的分辨率、宽高比例都有可能不同。同一张图片在不同手机上的显示效果会存在差异。因此，需要对不同的手机屏幕进行适配，使相同的程序逻辑在不同的屏幕上的显示效果一致。在移动 Web 开发中有视口的概念，通过视口可以理解移动端浏览器的显示机制。下面将对视口进行详细讲解。

2.1.1 什么是视口

视口（Viewport）是移动 Web 开发中一个非常重要的概念，最早是由苹果公司为 iOS 系统的 Safari 浏览器引入的，其目的是让 iPhone 的小屏幕尽可能完整地显示整个网页。通过设置视口，不管网页原始的分辨率有多大，都能将其缩小显示在手机浏览器上，这样保证网页在手机上看起来更像在桌面浏览器中的样子。在苹果公司引入视口的概念后，大多数的移动开发者也认同了这个做法。

简单来说，视口就是浏览器显示页面内容的区域。在移动端浏览器中，存在着 3 种视

口，分别是布局视口（Layout Viewport）、视觉视口（Visual Viewport）和理想视口（Ideal Viewport），下面分别进行讲解。

1. 布局视口

布局视口是指浏览器绘制网页的视口，一般移动端浏览器都默认设置了布局视口的宽度。根据设备的不同，布局视口的默认宽度有可能是 980px 或 1024px 等，这个宽度并不适合在手机屏幕中展示。移动端浏览器之所以采用这样的默认设置，是为了解决早期的 PC 端页面在手机上显示的问题。下面通过图 2-1 演示布局视口。

在图 2-1 中，当移动端浏览器展示 PC 端网页内容时，由于移动端设备屏幕比较小，不能像 PC 端浏览器那样完美地展示网页，这是布局视口比设备屏幕宽造成的。这样的网页在手机的浏览器中会出现左右滚动条，用户需要左右滑动才能查看完整的一行内容。

2. 视觉视口

视觉视口是指用户所看到的网站的区域，这个区域的宽度等同于移动设备的浏览器窗口的宽度。下面通过图 2-2 演示视觉视口。

图 2-1　布局视口

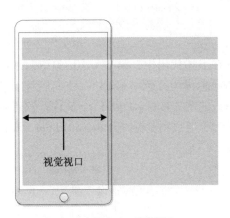

图 2-2　视觉视口

需要注意的是，当在手机上缩放网页时，操作的是视觉视口，而布局视口仍然保持原来的宽度。

3. 理想视口

理想视口是指对设备来讲最理想的视口。采用理想视口的方式，可以使网页在移动端浏览器上获得最理想的浏览和阅读的宽度。下面通过图 2-3 演示理想视口。

从图 2-3 可以看出，在理想视口情况下，布局视口的宽度和屏幕宽度是一致的，这样就不需要左右滑动页面了。

在开发中，为了实现理想视口，需要为移动端页面添加 <meta> 标签来配置视口，通知浏览器来进行处理。关于如何使用 <meta> 标签配置视口会在后面详细讲解。

图 2-3　理想视口

2.1.2　利用 Chrome 浏览器模拟手机屏幕

为了方便对不同屏幕尺寸的设备进行适配，PC 端的 Chrome 浏览器在开发者工具中加入了模拟移动端屏幕的功能，可以模拟各种手机的显示效果。利用 Chrome

浏览器模拟手机屏幕，来观察移动端屏幕的显示效果，可以帮助我们更好地理解视口。

下面通过案例演示如何利用 Chrome 浏览器模拟手机屏幕，具体如例 2-1 所示。

【例 2-1】

（1）创建 C:\web\chapter02\demo01.html 文件，具体代码如下。

```
1   <!DOCTYPE html>
2   <html>
3   <head>
4     <meta charset="UTF-8">
5     <title>Document</title>
6     <style>
7       .title {
8         font-size: 20px;
9         color: red;
10      }
11    </style>
12  </head>
13  <body>
14    <div class="title">新款 Android 手机 </div>
15    <img src="picture1.jpg" alt="">
16  </body>
17  </html>
```

在上述代码中，第 7 ~ 10 行代码使用类选择器 .title 获取元素，将字体大小设为 20px，字体颜色设为红色；第 14 ~ 15 行代码分别定义 <div> 标签和 <img> 标签。其中，<img> 标签引入的图片素材 picture1.jpg 文件，读者可以从本书配套源代码中获取。

（2）通过浏览器打开 demo01.html，页面显示效果如图 2-4 所示。

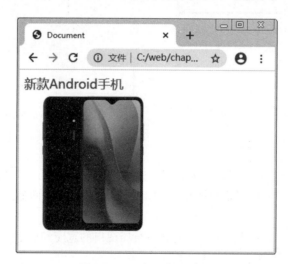

图 2-4　PC 端页面显示效果

（3）在浏览器显示的页面中，单击鼠标右键，然后在弹出菜单中选择"检查"命令启动开发者工具（也可以直接按"F12"快捷键），运行结果如图 2-5 所示。

在图 2-5 中，页面的右侧是开发者工具面板，当前位于"Elements"（元素）选项卡下，在该选项卡内可以查看网页的源代码。

（4）单击开发者工具面板左上角的第 2 个按钮，进入到移动端设备调试界面。进入后，会看到页面整体缩小了，并且在页面的顶部出现了设备的名称（如 iPhone 6/7/8），如图 2-6 所示。

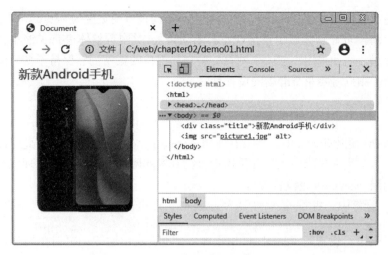

图 2-5　启动开发者工具

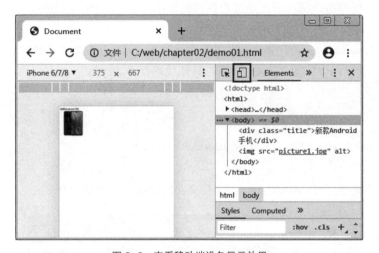

图 2-6　查看移动端设备显示效果

在图 2-6 中，开发者工具模拟了当前网页在手机屏幕上显示的效果。从图 2-6 中可以看出，一个普通的网页在手机浏览器中显示时，显示的内容会变得非常小。

（5）将鼠标指针放在"Elements"选项卡中的 <html> 标签上，会看到浏览器显示了当前页面的宽度为 980px，如图 2-7 所示。

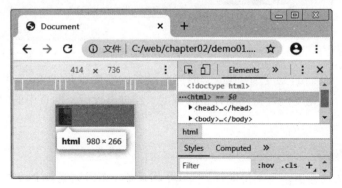

图 2-7　查看页面宽度

通过上述案例可知，在 iPhone 6/7/8 设备中，布局视口的宽度为 980px。由于手机的屏幕比较小，为了将网页显示完整（不出现左右滚动条），对网页整体进行了缩小，所以网页中的内容就变小了。而如果用户放大了网页，则布局视口的宽度仍然保持不变，浏览器中会出现横向滚动条，用户需要左右滑动网页查看内容。

2.1.3　利用 <meta> 标签设置视口

在传统的 PC 端网页开发中，并没有使用过 <meta> 标签来设置视口，此时浏览器会按照默认的布局视口宽度来显示网页。如果希望自己开发的网页在浏览器中以理想视口的形式呈现，就需要利用 <meta> 标签设置视口。

在 <meta> 标签中，将 name 属性设为 viewport，即可设置视口，示例代码如下。

```
<meta name="viewport" content="width=device-width">
```

在上述代码中，设置 content="width=device-width" 表示通知浏览器布局视口的宽度应该与设备的宽度一致，即设备有多宽，布局视口就有多宽。

为了使读者更好地理解，下面通过案例进行演示，具体如例 2-2 所示。

【例 2-2】

（1）打开 C:\web\chapter02 目录，将之前编写的 demo01.html 文件复制为 demo02.html。然后在 demo02.html 页面中添加 <meta> 标签，具体代码如下。

```
1  <head>
2    <meta charset="UTF-8">
3    <title>Document</title>
4    <!-- 添加 meta 标签 -->
5    <meta name="viewport" content="width=device-width">
6    ……（原有代码）
7  </head>
```

（2）通过浏览器打开 demo02.html，查看页面的宽度，如图 2-8 所示。

图 2-8　查看设置视口后的页面宽度

在图 2-8 中，页面的宽度为 414px，而当前设备的宽度也是 414px。由此可见，通过设置视口，可将网页的宽度设置为当前设备的宽度。经过设置后，网页中的内容也变大了。由此就实现了理想视口。

小提示：

理想视口的宽度并不是一个固定值，它在不同设备、不同浏览器上的宽度都有可能不同。浏览器的理想视口的大小取决于它所处的设备。

2.1.4　视口的常用设置

在使用 <meta> 标签设置视口时，可以在 content 属性中添加一些参数，其格式为"参数名 = 参数值"，多个参数用","分开。以前面演示过的"width=device-width"为例，width 就是参数名，device-width 是参数值。

content 属性中的一些常用参数如表 2-1 所示。

表 2-1　视口的常用参数

参数名	说明
width	设置视口宽度，可以设为正整数（像素）或特殊值 device-width
height	设置视口高度，可以设为正整数（像素）或特殊值 device-height
initial-scale	初始缩放比，取值范围为 0.0 ~ 10.0
maximum-scale	最大缩放比，取值范围为 0.0 ~ 10.0
minimum-scale	最小缩放比，取值范围为 0.0 ~ 10.0
user-scalable	用户是否可以缩放，其值为 yes 或 no

在表 2-1 中，device-width 表示设备宽度，device-height 表示设备高度。

为了使读者更好地理解，下面通过代码进行演示。

```
<meta name="viewport" content="user-scalable=no, width=device-width,
initial-scale=1.0, maximum-scale=1.0">
```

上述代码将视口设置为不允许用户缩放页面，视口宽度等于设备宽度，初始缩放比为 1.0，最大缩放比为 1.0。

2.2　移动 Web 页面的样式编写

在传统的 PC 端 Web 开发中，开发人员经常需要处理浏览器的兼容问题，因为 PC 端的浏览器种类繁多，一些旧版本的浏览器依然有大量的用户在使用。这些老旧的浏览器有些不符合 W3C 标准，有些不支持 HTML5 和 CSS3 的新特性，给开发人员带来了许多麻烦。而在移动 Web 开发中，则几乎不用担心浏览器的兼容问题，因为移动端的浏览器基本上都是以 WebKit 内核为主，对 HTML5 和 CSS3 的支持非常好。为了帮助读者提高移动 Web 页面的开发效率，下面将介绍一些常用的技术。

2.2.1　利用 Normalize.css 初始化默认样式

在开发中，为了确保不同浏览器的默认样式统一，通常会对样式进行初始化，也就是在页面中定义一些初始样式，用来覆盖浏览器的默认样式。在移动端 Web 开发中，初始化默认样式推荐使用 Normalize.css 样式库，因为它具有以下特点。

- 保留有用的浏览器默认样式，而不是完全去掉它们。
- 保证各浏览器样式的一致性。
- 采用模块化开发，方便后期维护。
- 拥有详细的文档。

在熟悉了 Normalize.css 的特点之后，下面讲解如何下载和使用 Normalize.css。

1. 下载 Normalize.css

在 Normalize.css 官方网站可以下载源代码，如图 2-9 所示。

图 2-9　Normalize.css 官方网站

在图 2-9 中，页面用英文展示了 Normalize.css 的一些信息。单击"Download v8.0.1"按钮，即可获取 Normalize.css 源代码，如图 2-10 所示。

图 2-10　Normalize.css 源代码

在图 2-10 所示的页面中，单击鼠标右键，然后在弹出的菜单中选择"另存为"命令，即可将 Normalize.css 保存到本地。

2. 使用 Normalize.css

将 Normalize.css 源代码下载后，就可以使用 Normalize.css 初始化页面的默认样式。为了让读者更好地学习 Normalize.css 的使用方法，下面通过例 2-3 进行演示。

【例 2-3】

（1）创建 C:\web\chapter02\demo03.html 文件，具体代码如下。

```
1  <!DOCTYPE html>
2  <html>
3  <head>
4    <meta charset="UTF-8">
5    <meta name="viewport" content="user-scalable=no, width=device-width, initial-
scale=1.0, maximum-scale=1.0">
6    <title>引入 Normalize.css</title>
7    <link rel="stylesheet" href="normalize.css">
8  </head>
9  <body>
10   <div>成功引入 Normalize.css</div>
11 </body>
12 </html>
```

上述代码中，第 7 行代码通过 <link> 标签引入 normalize.css 文件，其中，href 属性的值为 normalize.css 文件的路径地址，读者需要将下载后的 normalize.css 放在 demo03.html 所在的目录下，即 C:\web\chapter02 下；第 10 行代码通过 <div> 标签在页面中显示"成功引入 Normalize.css"的提示信息。

（2）在浏览器中打开 demo03.html 文件，运行结果如图 2-11 所示。

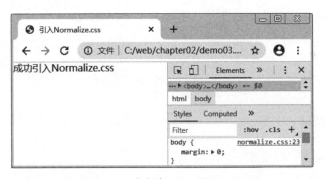

图 2-11　成功引入 Normalize.css

从图 2-11 可以看出，在引入 Normalize.css 后，body 元素的 margin 被修改为 0，说明 Normalize.css 已经引入成功并生效了。

2.2.2　设置 box-sizing 为 border-box

在 CSS3 中，通过 box-sizing 属性可以更改盒子尺寸的计算方式。将 box-sizing 设为 content-box（默认值）时，表示使用传统的计算方式；设为 border-box 时，表示使用 CSS3 的一种新的计算方式，通过这种方式可以解决传统盒子在添加了边框和内边距后，盒子被撑大的问题。示例代码如下。

```
/* 传统计算方式 */
box-sizing: content-box;
```

```
/* 新的计算方式 */
box-sizing: border-box;
```

使用 content-box 计算方式的盒子模型，其宽度的计算公式如下。

```
盒子的宽度 = CSS 中设置的 width + border + padding
```

使用 border-box 计算方式的盒子模型，其宽度的计算公式如下。

```
盒子的宽度 = CSS 中设置的 width
```

当采用 border-box 计算方式时，CSS 中设置的宽度 width 已经包含了 border 和 padding 值，不用担心因为设置了元素的 border 和 padding 导致盒子被撑大的问题。这种方式的优点在于，盒子的大小是固定的，不会受到边框和内边距的影响，也不会影响到页面中其他盒子的结构。因此，在移动 Web 开发中，推荐使用 border-box 这种计算方式。

为了让读者更好地理解，下面通过例 2-4 演示 content-box 和 border-box 的区别。

【例 2-4】

（1）创建 C:\web\chapter02\demo04.html 文件，具体代码如下。

```
1   <!DOCTYPE html>
2   <html>
3   <head>
4     <meta charset="UTF-8">
5     <title>box-sizing</title>
6     <style>
7       div {
8         width: 100px;
9         height: 100px;
10        padding: 10px;
11        background-color: #eee;
12      }
13      div:nth-child(1) {
14        border: 10px solid #999;
15        box-sizing: content-box;
16      }
17      div:nth-child(2) {
18        border: 10px solid #666;
19        box-sizing: border-box;
20      }
21    </style>
22  </head>
23  <body>
24    <div>content-box</div>
25    <div>border-box</div>
26  </body>
27  </html>
```

上述代码中，第 7 ~ 12 行代码用于为所有 div 设置样式；第 13 ~ 16 行代码用于为第 1 个 div 设置样式；第 17 ~ 20 行代码用于为第 2 个 div 设置样式。第 15 行代码用于将第 1 个 div 设置为 content-box，第 19 行代码用于将第 2 个 div 设置为 border-box。

（2）在浏览器中打开 demo04.html 文件，运行结果如图 2-12 所示。

从图 2-12 可以看出，虽然 content-box 和 border-box 在 CSS 中设置的宽高都是 100px，但因为 box-sizing 属性值的不同，content-box 会被外边距和边框撑大，而 border-box 不会被撑大。

▎▎ **小提示：**

在移动端使用 border-box 可以不用考虑兼容性问题。但如果想在 PC 端中兼容老旧的浏览器，则应该使用传统的 content-box 方式。

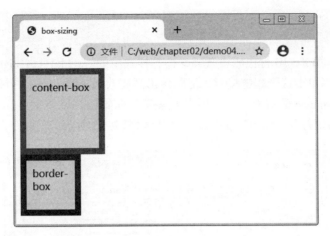

图 2-12　对比 content-box 和 border-box

2.2.3　设置移动端的特殊样式

在实际开发中，移动 Web 页面的设计风格更接近 APP（手机应用），而不是传统的网页。为了有更好的用户体验，可以给移动 Web 页面设置一些特殊样式。下面列举在移动 Web 开发中经常会设置的特殊样式，具体如表 2-2 所示。

表 2-2　移动端特殊样式

样式	说明
-webkit-tap-highlight-color: transparent;	去除超链接按下时默认的高亮效果（设为透明）
-webkit-appearance: none;	去除按钮的原生样式
-webkit-touch-callout: none;	禁止长按页面时弹出菜单
-webkit-user-select: none;	禁止文本被手动选择

需要注意的是，上述样式是非标准的，因此加上了私有前缀 "-webkit-"，该前缀在 WebKit 和 Blink 内核的浏览器中有效，适用于 Chrome 浏览器和大多数移动端浏览器。

为了让读者更好地理解，下面通过例 2-5 进行案例演示。

【例 2-5】

（1）创建 C:\web\chapter02\demo05.html 文件，具体代码如下。

```
1  <!DOCTYPE html>
2  <html>
3  <head>
4    <meta charset="UTF-8">
5    <meta name="viewport" content="width=device-width">
6    <title>特殊样式</title>
7    <style>
8      a {
9        -webkit-tap-highlight-color: transparent;
10     }
11     input {
12       -webkit-appearance: none;
13     }
14   </style>
15  </head>
16  <body>
17    <a href="#">超链接</a>
```

```
18    <input type="button" value=" 按钮 ">
19  </body>
20  </html>
```

上述代码中，第 8～10 行代码设置 <a> 标签样式中的 –webkit-tap-highlight-color 的值为 transparent，表示当单击这个超链接时，清除单击高亮效果；第 11～13 行代码设置按钮样式中的 –webkit-appearance 的值为 none，用来去除按钮的原生样式。

（2）在浏览器中打开 demo05.html，运行结果如图 2-13 所示。

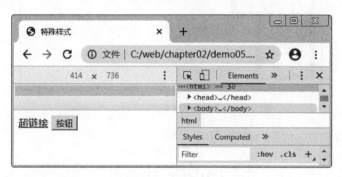

图 2-13　设置特殊样式

在图 2-13 中，按钮的默认样式已经被取消。当用户单击超链接时，不会显示超链接的背景颜色。读者可以尝试移除特殊样式，对比添加和移除后的区别。

2.3　分辨率和设备像素比

在移动端 Web 开发的过程中，除了要使用 <meta> 标签设置理想视口外，还需要解决移动端页面中图片的显示问题。图片的显示是否清晰，与屏幕分辨率、图像分辨率和设备像素比有关。下面主要讲解分辨率和设备像素比的基本概念。

2.3.1　分辨率

分辨率分为屏幕分辨率和图像分辨率，下面分别进行讲解。

1. 屏幕分辨率

屏幕分辨率是指一个屏幕上可以显示多少信息，通常以像素（px）为单位来衡量。例如，$1920 \times 1080px$ 表示水平方向含有 1920，垂直方向含有 1080，将两者相乘可知，屏幕上总共有 2073600px。

在屏幕的大小相同的情况下，如果屏幕的分辨率低（如 $640 \times 480px$），则屏幕上显示的像素少，单个像素点比较大，看起来会有种颗粒感；如果屏幕的分辨率高（如 $1920 \times 1080px$），则屏幕上显示的像素多，单个像素点比较小，看起来会比较清晰。

2. 图像分辨率

在同一台设备上，图片的像素点和屏幕的像素点通常是一一对应的。图片的分辨率越高，图片越清晰；图片的分辨率越低，图片越模糊。例如，一张图片分辨率是 $500 \times 200px$，表示这张图片在屏幕上按 1:1 显示时，水平方向有 500px(色块)，垂直方向有 200px(色块)。

但是，在屏幕上把图片放大时，会发现图片在屏幕上显示的像素也变大，这是因为软件通过算法对图像进行了像素补充，虽然图片本身的像素没有变，但是在显示时已经补充了很多个屏幕像素；同理，把图片缩小时，也是通过算法减少了显示的图片像素。

2.3.2　设备像素比

在传统的 PC 端和早期的普通手机中，屏幕上的一个像素和网页 CSS 中的一个像素是完全对应的。但随着技术的进步，为了提高屏幕显示的细腻度，高分辨率的屏幕开始流行，一块屏幕可以显示更多的像素。但随之产生了一个问题，就是同一个网页在不同分辨率的屏幕下显示效果会有大小差异，因为 CSS 中使用的像素是一个固定值，它不会因为屏幕分辨率而发生改变。例如，在屏幕尺寸相同的情况下，一个 12px 的文字在低分辨率的屏幕中的尺寸很大，但在高分辨率的屏幕中尺寸很小。尤其是在分辨率非常高的屏幕中，文字会显得特别小，不利于浏览。

为了解决这个问题，高分辨率设备的操作系统会对网页画面进行缩放，让网页内容大小看上去比较舒适，而网页中使用的像素并不做修改。尤其是网页中的文字，在高分辨率屏幕下的显示效果会更加细腻。因此，在高分辨率屏幕中，CSS 使用的像素单位和屏幕显示的像素并不是一对一的，将单个方向的屏幕像素除以单个方向的 CSS 像素得到的就是设备像素比。

例如，当设备像素比为 2 时，CSS 像素和屏幕像素的转换关系如图 2-14 所示。

需要注意的是，对于网页中的文字和渲染出来的简单图形，系统在转换时会确保画面细腻；但是对于自己添加的图片，在按照设备像素比放大后会变得模糊。为了解决这个问题，可以使用二倍图来提高图片显示的质量，具体会在 2.4 节进行讲解。

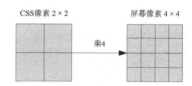

图 2-14　CSS 像素和屏幕像素的转换关系

2.4　二倍图

在学习了屏幕分辨率、图像分辨率和设备像素比的基本概念后可知，当设备像素比很大时，图片会被放大，而放大会让图片看起来模糊。为此，可以使用二倍图的方式来提高图片的清晰度。下面主要讲解二倍图的概念和使用方法。

2.4.1　什么是二倍图

在实际开发中，当一个 50×50px（CSS 像素）的图片直接放到 iPhone 6/7/8 设备中显示时，图片会被放大，长和宽都放大到原来的二倍（iPhone 6/7/8 的设备像素比为 2），即 100×100px。为了避免图片放大后模糊，可以预先制作一张 100×100px 的图片，然后在网页中手动设置这个图片的样式，将图片的宽和高都设为 50px。这样，这张图片就会以它原本的像素（100×100px）来显示，保证了图片原有的清晰度。

为了让读者更好地理解，下面通过例 2-6 演示二倍图的使用方法。

【例 2-6】

（1）创建 C:\web\chapter02\demo06.html 文件，具体代码如下。

```
1  <!DOCTYPE html>
2  <html>
```

```
3   <head>
4     <meta charset="UTF-8">
5     <meta name="viewport" content="width=device-width">
6     <title>二倍图</title>
7     <style>
8       img:nth-child(2) {
9         width: 50px;
10        height: 50px;
11      }
12    </style>
13  </head>
14  <body>
15    <!-- 原图 -->
16    <img src="images/50.png" alt="">
17    <!-- 二倍图 -->
18    <img src="images/100.png" alt="">
19  </body>
20  </html>
```

在上述代码中，第 8～11 行代码使用 CSS3 子元素选择器 :nth-child 获取到第 2 张图片，并手动设置图片的宽度和高度为 50px ；第 16 行代码使用 <img> 标签引入 50×50px 的图片；第 18 行代码引入 100×100px 的图片。相应的图片素材可以从配套源代码中获取。

（2）在浏览器中打开 demo06.html，观察 iPhone 6/7/8 中的显示效果。为了方便对比两张图的区别，将缩放设置为 150%，运行结果如图 2-15 所示。

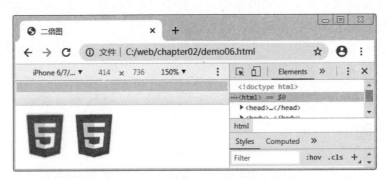

图 2-15　二倍图

在图 2-15 中，左边的图片是原图，右边的图片是二倍图。由此可见，二倍图在页面中显示的效果更加清晰。

> **小提示：**
>
> 在实际开发中，除了设置二倍图外，还可以设置成三倍图、四倍图等。其实现思路都是相同的，可根据项目的实际需要来设置。

2.4.2　背景图片的缩放

前面主要讲解了使用 <img> 标签插入图片的二倍图效果。在开发中，除了使用插入的图片，还会用到背景图片，所以背景图片也需要设置缩放效果。

在 CSS3 中，提供了 background-size 属性来规定背景图片的尺寸，从而达到背景图片的缩放效果。使用 background-size 的基本语法如下。

```
background-size: 背景图片的宽度 背景图片的高度 ;
```

background-size 设置的宽度和高度可以是像素或百分比。除此之外，background-size 还可以用其他的属性值来实现不同的缩放效果，如表 2-3 所示。

表 2-3　background-size 属性值

属性值	说明
cover	把背景图像扩展至足够大，以使背景图像完全覆盖背景区域
contain	把背景图像扩展至最大尺寸，以使其宽度和高度完全适应内容区域

在了解了 background-size 属性值的含义后，下面通过例 2-7 进行详细讲解。

【例 2-7】

（1）创建 C:\web\chapter02\demo07.html 文件，具体代码如下。

```
1  <!DOCTYPE html>
2  <html>
3  <head>
4    <meta charset="UTF-8">
5    <meta name="viewport" content="width=device-width">
6    <title>Document</title>
7    <style>
8      div {
9        width: 200px;
10       height: 200px;
11       border: 2px solid red;
12       background: url(images/dog.jpg) no-repeat;
13     }
14   </style>
15 </head>
16 <body>
17   <div></div>
18 </body>
19 </html>
```

上述代码中，第 12 行将 background 属性的值设置为 url(images/dog.jpg)，表示使用给定的图片作为背景，no-repeat 表示不重复；第 17 行定义了 <div> 标签。

（2）在浏览器中打开 demo07.html，运行结果如图 2-16 所示。

（3）在 <div> 标签的样式代码中添加 background-size 属性，具体代码如下。

```
background-size: 200px;
```

上述代码将背景图片的宽度设置为 200px，没有设置高度，浏览器会自动等比例缩放。运行结果如图 2-17 所示。

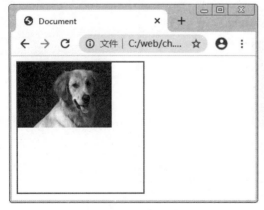

图 2-16　初始页面

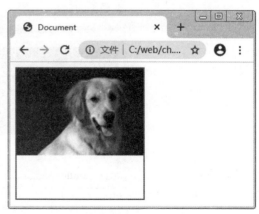

图 2-17　背景等比例缩放

（4）除了设置图片的具体尺寸外，还可以通过百分比来实现背景图片的缩放效果，具体代码如下。

```
background-size: 50%;
```

上述代码中，background-size 属性的值为 50%，这个百分比是相对于父盒子来说的。例如，div 元素的宽度是 200px，则 50% 就是 100px。运行结果如图 2-18 所示。

从图 2-18 可以看出，图片的宽度为父盒子的 50%，而高度是按比例自动计算的。

（5）将 background-size 属性的值设置为 cover，表示将背景图片等比例拉伸，使背景图片完全覆盖 div 盒子，具体代码如下。

```
background-size: cover;
```

由于父盒子是正方形，图片是长方形，当把长方形等比例放大时，为了让高度占满父盒子，就会导致宽度显示不全，如图 2-19 所示。

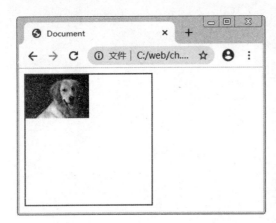 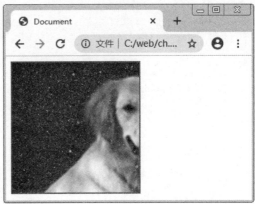

图 2-18　设置百分比为父盒子的 50%　　　　　图 2-19　设置为 cover

（6）将 background-size 设置为 contain，表示将背景图片的高度和宽度等比例拉伸，当宽度或者高度铺满 div 盒子就不再进行拉伸了，具体代码如下。

```
background-size: contain;
```

在浏览器进行缩放时，宽度会铺满 div，而高度无法铺满，所以会出现空白，运行结果如图 2-20 所示。

图 2-20　设置为 contain

2.4.3　实现背景图片的二倍图

通过 background-size 属性可以设置背景图片的二倍图效果。例如，定义了一个 50×50px 的盒子，需要引入一张 100×100px 的背景图片，则将 background-size 设为 50×50px。下面通过例 2-8 进行演示。

【例 2-8】

（1）创建 C:\web\chapter02\demo08.html 文件，具体代码如下。

```html
1  <!DOCTYPE html>
2  <html>
3  <head>
4    <meta charset="UTF-8">
5    <meta name="viewport" content="width=device-width">
6    <title>Document</title>
7    <style>
8      div {
9        width: 50px;
10       height: 50px;
11       border: 1px solid red;
12       background: url(images/100.png) no-repeat;
13       backgrcund-size: 50px 50px;
14     }
15   </style>
16 </head>
17 <body>
18   <div></div>
19 </body>
20 </html>
```

上述代码中，第 9～10 行代码将 <div> 元素的宽度和高度设置为 50px；第 13 行代码将背景图片的宽度和高度都设置为 50px；第 12 行代码用于引入背景图片，该图片的实际大小为 100×100px。

（2）在浏览器中打开 demo08.html，运行结果如图 2-21 所示。

图 2-21　背景图片使用二倍图

2.5　SVG 矢量图

图片是网页中重要的组成部分。网页中的图片可以分为两类，一类是小图标和简单的图形，这些图片用来让页面更加美观；另一类则属于网页的内容，如照片、插图等。第二类图片经常使用 GIF、JPEG、PNG 等格式，这些格式比较常见，但因为都是基于像素处理的，放大时会失真，变得模糊。SVG 矢量图主要应用于第一类图片，它可以解决图片放大失真的问题。因此，下面讲解 SVG 矢量图的使用。

2.5.1　什么是 SVG

可缩放矢量图形（Scalable Vector Graphics，SVG）是一种开放标准的描述矢量图形的语言，它基于 XML（extensible Markup Language，可扩展标记语言）。在 2003 年 1 月，SVG 1.1 被确立为 W3C（万维网联盟）标准。

与其他图像格式相比，使用 SVG 的优势如下。

（1）SVG 可被非常多的工具读取和修改（如记事本）。

（2）SVG 与 JPEG、GIF 图像相比，文件体积更小，且可压缩性更强。

（3）SVG 矢量图形是可伸缩的，可在任何的分辨率下被高质量地打印，可在图像质量不下降的情况下被放大。

（4）SVG 图像中的文本是可选的，同时也是可搜索的（很适合制作地图）。

（5）SVG 是开放的标准。

（6）SVG 文件是用 XML 编写的。

2.5.2　<svg> 标签和样式

SVG 使用标签的方式定义各种图形，外层标签是 <svg>，其常用属性如表 2-4 所示。

表 2-4　<svg> 标签常用属性

属性	说明
width	用来控制 SVG 视图的宽度
height	用来控制 SVG 视图的高度
viewBox	定义用户视野的位置和大小

在表 2-4 中，viewBox 可以定义用来观察 SVG 视图的一个矩形区域，它的属性主要包括 x、y、width、height，用数字表示，每个数字之间用空格或逗号隔开，表示定义一个在左上角（x, y）坐标位置且宽度为 width、高度为 height 的矩形。

在 <svg> 标签的内部，可以使用 SVG 提供的一些预定义的标签来绘制图形，或者绘制文字。常用的内部标签如表 2-5 所示。

表 2-5　常用的内部标签

标签名	说明
<rect>	矩形标签
<circle>	圆形标签
<ellipse>	椭圆形标签
<line>	线段标签
<polyline>	折线标签
<polygon>	多边形标签
<path>	路径标签
<text>	文字标签
<tspan>	类似 <span>，用在 <text> 内部单独设置样式

上述标签还可以通过属性来设置样式，常用的属性如表 2-6 所示。

表 2-6　用于设置样式的属性

属性名	属性值	说明
fill	String	定义填充颜色和文字颜色
fill-opacity	0 ～ 1 之间的浮点数	定义填充颜色的透明度
stroke	String	定义描边的颜色
stroke-width	大于 0 的浮点数	定义描边的宽度
stroke-opacity	0 ～ 1 之间的浮点数	定义描边的颜色的透明度
opacity	0 ～ 1 之间的浮点数	定义整个图形元素的透明度
transform	translate(x,y)	平移
	scale(x,y)	缩放
	rotate(angle,[cx,cy])	旋转
	skewX(angel) skewY(angel)	倾斜

在表 2-6 中，fill 的值为表示颜色的字符串，通过 fill 可以为图形标签定义填充颜色，或为文字定义颜色；stroke 的值也是表示颜色的字符串，可以为图形标签定义描边颜色；stroke-opacity 的值为 0 ～ 1 之间的浮点数，可以为图形标签定义描边的颜色的透明度。

下面通过案例演示 SVG 的使用，具体如例 2-9 所示。

【例 2-9】

（1）创建 C:\web\chapter02\demo09.html 文件，具体代码如下。

```
1   <!DOCTYPE html>
2   <html>
3   <head>
4     <meta charset="UTF-8">
5     <meta name="viewport" content="width=device-width">
6     <title>Document</title>
7   </head>
8   <body>
9     <svg width="100%" height="100%">
10      <circle cx="100" cy="50" r="40" stroke="black" stroke-width="2" fill="#ddd">
11    </svg>
12  </body>
13  </html>
```

在上述代码中，第 9 ～ 11 行就是 SVG 的代码。外层写了一个 <svg> 标签，并将 svg 的宽度和高度设置为 100%。第 10 行代码通过 <circle> 标签定义了圆形，该标签的 cx 和 cy 属性用来定义圆中心的 x 和 y 坐标，如果忽略这两个属性，那么圆点会被设置为 (0,0)；r 属性用来定义圆的半径；fill 属性用来设置填充颜色为 #ddd。

（2）通过浏览器访问测试，运行结果如图 2-22 所示。

从图 2-22 可以看出，成功绘制了圆形矢量图。另外，读者可以尝试将代码中的 <circle> 标签更换成其他图形标签，来实现不同的矢量图效果。

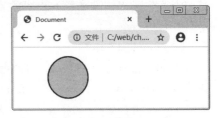

图 2-22　SVG 图形

2.5.3　从外部引入 SVG 文件

SVG 代码不仅可以直接写在 HTML 中，还可以单独保存为一个 ".svg" 文件，然后在 HTML 文件中引入。下面通过例 2-10 演示从外部引入 SVG 文件。

【例 2-10】

（1）创建 C:\web\chapter02\circle.svg 文件，具体代码如下。

```
1   <?xml version="1.0" standalone="no"?>
2   <!DOCTYPE svg PUBLIC "-//W3C//DTD SVG 1.1//EN" "http://www.w3.org/Graphics/SVG/1.1/DTD/svg11.dtd">
3   <svg width="100%" height="100%" version="1.1" xmlns="http://www.w3.org/2000/svg">
4     <circle cx="100" cy="50" r="40" stroke="black" stroke-width="2" fill="#ddd" />
5   </svg>
```

上述代码中，第 1 行是 XML 声明，其中 standalone 属性用来规定此 SVG 文档是"独立的"还是含有对外部文件的引用，此处设为 no 表示该 SVG 文档会引用一个外部文件（即第 2 行的 DTD 文件）。第 2 行引用了外部的 SVG 的 DTD 文件，此处引用的是 W3C 提供的 svg11.dtd，表示含有所有允许的 SVG 元素。第 3 行为 <svg> 标签添加了 version（SVG 版本）和 xmlns（XML 命名空间）属性，用于在 XML 文档中使用。

（2）创建 C:\web\chapter02\demo10.html 文件，具体代码如下。

```
1   <!DOCTYPE html>
2   <html>
3   <head>
4     <meta charset="UTF-8">
5     <title>Document</title>
6   </head>
7   <body>
8     <img src="circle.svg" alt="">
9   </body>
10  </html>
```

在上述代码中，第 8 行使用 <img> 标签引入了 circle.svg 文件。

（3）通过浏览器访问 demo10.html，运行结果与图 2-22 相同。

▌ 小提示：

SVG 文件除了可以使用 <img> 标签引入，还可以使用 <iframe>、<embed> 或 <object> 标签引入。下面分别进行简单介绍。

（1）<iframe> 标签

<iframe> 标签对浏览器的兼容性是最好的，可以工作在大部分的浏览器中。使用 <iframe> 标签引入 circle.svg 文件的基本语法如下。

```
<iframe src="circle.svg" width="300" height="100"></iframe>
```

上述代码中，设置嵌入内容的宽度 300px，高度为 100px；src 属性的值为 circle.svg，表示引入 circle.svg 文件。

（2）<embed> 标签

<embed> 标签是 HTML5 中的新标签，用来定义嵌入的内容，如插件等。使用 <embed> 标签引入 circle.svg 文件的基本语法如下。

```
<embed src="circle.svg" width="300" height="100" type="image/svg+xml"
pluginspage="http://www.adobe.com/svg/viewer/install/" />
```

上述代码中，type 属性值为 image/svg+xml，表示嵌入内容的类型；pluginspage 属性指向下载插件的 URL 地址。

<embed> 标签可以被主流的浏览器支持。当在 HTML 页面中嵌入 SVG 时，使用 <embed> 标签是 Adobe SVG Viewer 推荐的方法。然而，如果需要创建合法的 XHTML，就不能使用 <embed>。

（3）<object> 标签

<object> 标签是 HTML4 的标准标签，它可以向 HTML 代码添加一个对象，如图像、音频、视频、Flash 等。使用 <object> 标签引入 circle.svg 文件的基本语法如下。

```
<object data="circle.svg" width="300" height="100" type="image/svg+xml"
codebase="http://www.adobe.com/svg/viewer/install/" />
```

上述代码中，codebase 属性指向下载插件的 URL 地址。

本章小结

本章主要讲解了视口的概念、如何利用 Chrome 浏览器模拟手机屏幕、如何利用 <meta> 标签设置视口、如何编写移动 Web 页面的样式、分辨率和设备像素比的基本概念、如何通过二倍图来提高图片清晰度，以及 SVG 矢量图的使用。通过学习本章的内容，读者应对移动 Web 开发中的基础知识有了一定的了解，为后面的课程奠定了基础。

课后练习

一、填空题

1. 视口分为＿＿＿＿、＿＿＿＿、＿＿＿＿。

2. 视口通过＿＿＿＿标签来设置。

3. 初始化移动端默认样式使用的库是＿＿＿＿。

4. background-size 中把背景图片扩展至足够大使背景图像完全覆盖背景区域的属性值是＿＿＿＿。

二、判断题

1. background-size 中的高度可以省略。　　　　　　　　　　　　　　　　　（　　）

2. 布局视口是对设备来讲最理想的视口。　　　　　　　　　　　　　　　　（　　）

3. 在开发的时候用到的 1px 一定就等于 1 个物理像素。　　　　　　　　　　（　　）

4. 在同一台设备上，图片的像素点和屏幕的像素点是一一对应的。如果图片分辨率越高，图片越模糊；图片分辨率越低，图片越清晰。　　　　　　　　　　　　　　　（　　）

5. SVG 的含义为可缩放矢量图形。　　　　　　　　　　　　　　　　　　　（　　）

三、选择题

1. 下列选项中，用来设置盒子模型 border-box 计算方式的属性是（　　　）。

    A. box-sizing　　　　　　　　　　B. box

    C. boder-sizing　　　　　　　　　D. box-size

2. 下列选项中，属于 Chrome 浏览器的内核的是（　　　）。

    A. Blink　　　　　　　　　　　　B. WebKit

    C. Presto　　　　　　　　　　　 D. Gecko

3. 下列选项中，用来定义矩形的标签是（　　　）。

    A. <circle>　　　　　　　　　　　B. <rect>

    C.   <line>   D.   <polygon>

4. 下列选项中，能够清除 <a> 标签单击时高亮效果的是（   ）。

    A. –webkit–tap–highlight–color   B. –webkit–appearance

    C. –webkit–touch–callout   D. –webkit–tap–highlight–callout

5. 下列选项中，用来设置视口初始缩放比的是（   ）。

    A. initial–scale   B. maximum–scale

    C. minimum–scale   D. user–scalable

四、简答题

1. 请简述什么是视口。

2. 请简述 <meta> 视口标签的属性及含义。

五、编程题

请通过代码演示背景图片二倍图效果的实现过程。

第3章

移动 Web 开发基础（下）

拓展阅读

★掌握 HTML5 新增 API 的使用

★掌握移动端常用事件的使用

★掌握移动端常用插件的使用

HTML5 是 HTML 当前最新的版本，是新一代 Web 相关技术的总称。在 HTML5 中提供了很多新的特性，如文件读取、网络存储等。另外，目前多数移动端设备都使用触屏操作，使用户逐渐摆脱了键盘和鼠标操作的束缚，人机交互更加方便。本章将对 HTML5 常用 API 以及移动 Web 开发常用事件和插件进行详细讲解。

3.1 HTML5 常用 API

针对移动 Web 开发的需求，HTML5 提供了很多新的特性。在这些特性中，除了基本的语义化标签外，还提供了一些移动 Web 开发的 API 功能。例如，检查网络连接、全屏操作、文件读取、地理定位、拖曳、Web 存储、播放视频和音频等。下面将对 HTML5 中的常用 API 进行详细讲解。

3.1.1 检测网络连接

在 HTML5 出现之前，可以通过 window.navigator.onLine 来检查用户当前的网络状态，它会返回一个布尔值，false 表示没有连接网络，true 表示已连接网络。需要注意的是，这种方式在不同浏览器中会存在差异。

为了更好地实现网络连接的检测，HTML5 提供了 online 和 offline 两个事件，它们监听的都是 window 对象。其中，online 在用户网络连接时调用，offline 在用户网络断开时调用。

下面通过案例来演示如何检测设备网络状态。本案例将会实现当用户的网络断开时，在网页中提示"网络已断开"；当用户的网络恢复时，在页面中提示"网络已连接"。本案例的具体实现步骤如例 3-1 所示。

【例 3-1】

（1）创建 C:\web\chapter03\demo01.html 文件，具体代码如下。

```
1   <!DOCTYPE html>
2   <html>
3   <head>
4     <meta charset="UTF-8">
5     <title>Document</title>
6   </head>
7   <body>
8     <p class="tips"></p>
9     <script src="jquery.min.js"></script>
10    <script>
11      window.addEventListener('online', function() {
12        $('.tips').text(' 网络已连接 ').fadeIn(500).delay(1000).fadeOut();
13      })
14      window.addEventListener('offline', function() {
15        $('.tips').text(' 网络已断开 ').fadeIn(500).delay(1000).fadeOut();
16      })
17    </script>
18  </body>
19  </html>
```

上述代码中，第 8 行代码定义了一个 p 元素用来显示提示信息；第 9 行代码引入了 jquery.min.js 文件，从而便于进行 DOM 操作，该文件可以从本书配套源代码中获取；第 11 ～ 13 行代码为 window 对象绑定 online 事件，处理网络连接状态的逻辑；第 14 ～ 16 行代码为 window 对象绑定 offline 事件，处理网络断开时的逻辑。

（2）在 demo01.html 文件中编写 CSS 样式代码，具体代码如下。

```
1   <style>
2     body {
3       padding: 0;
4       margin: 0;
5       background-color: #f7f7f7;
6     }
7     p {
8       width: 200px;
9       height: 40px;
10      text-align: center;
11      line-height: 40px;
12      margin: 100px auto;
13      color: #fff;
14      font-size: 24px;
15      background-color: #000;
16      display: none;
17    }
18  </style>
```

保存代码，在浏览器中进行测试，当断开网络连接时，效果如图 3-1 所示。

图 3-1　网络断开时的效果

当网络连接时，效果如图 3-2 所示。

图 3-2　网络恢复连接时的效果

3.1.2　全屏操作

在日常生活中，全屏操作的应用比较广泛。例如，在观看视频或玩游戏时，全屏的方式会使用户观看感受更佳。HTML5 提供了 requestFullscreen() 方法，允许用户自定义网页上任一元素的全屏显示，并提供了 exitFullscreen() 方法关闭全屏显示。

需要注意的是，这两个方法存在兼容性问题，不同浏览器需要添加不同的私有前缀，具体如下。

● 早期版本的基于 WebKit 内核的浏览器（如 Chrome 浏览器）需要添加 webkit 前缀，使用 webkitRequestFullScreen() 和 webkitCancelFullScreen() 来实现。

● 早期版本的基于 Gecko 内核的浏览器（如火狐浏览器）需要添加 moz 前缀，使用 mozRequestFullScreen() 和 mozCancelFullScreen() 来实现。

● 早期版本的 Opera 浏览器需要添加 o 前缀，使用 oRequestFullScreen() 和 oCancelFullScreen() 来实现。

● 早期版本的基于 Trident 内核的浏览器（如 IE 浏览器）需要添加 ms 前缀，使用 msRequestFullscreen() 和 msExitFullscreen() 来实现，注意方法里的 screen 的 s 为小写形式。

下面通过案例来演示如何实现元素的全屏操作。案例要求：单击"全屏显示"按钮，文档进入全屏状态，并修改背景色；单击"取消全屏"按钮，退出全屏界面；单击"是否全屏"按钮，根据返回的布尔值来判断当前是否为全屏状态。需要用到的图片资源请从本书配套源代码中获取。本案例的具体实现步骤如例 3-2 所示。

【例 3-2】

（1）创建 C:\web\chapter03\demo02.html 文件，具体代码如下。

```
1  <!DOCTYPE html>
2  <html>
3  <head>
4    <meta charset="UTF-8">
5    <title>Document</title>
6    <style>
7      div:-webkit-full-screen {
8        background-color: pink;
9      }
10   </style>
11  </head>
12  <body>
13    <div>
14      <img src="pic1.png" height="300"  alt="">
15      <button id="full">全屏显示</button>
```

```
16          <button id="cancelFull"> 取消全屏 </button>
17          <button id="isFull"> 是否全屏 </button>
18      </div>
19  </body>
20  </html>
```

上述代码中，第 7 行代码设置了用来全屏显示的伪类选择器，该选择器存在兼容性问题，在这里添加 webkit 前缀，在 Chrome 浏览器中生效；第 13 ～ 18 行代码定义了 div 全屏操作容器，在该容器中定义了 1 个 img 图片、3 个操作按钮。

（2）在浏览器中打开 demo02.html，页面效果如图 3-3 所示。

图 3-3　页面初始效果

（3）编写 JavaScript 代码，实现全屏显示效果。在第（1）步中的第 18 行代码之后，编写如下代码，实现单击"全屏显示"按钮，进行全屏显示的效果。

```
1  <script>
2    var div = document.querySelector('div');
3    document.querySelector('#full').onclick = function() {
4      if(div.requestFullscreen) {                              // 正常浏览器
5        div.requestFullscreen();
6      } else if (div.webkitRequestFullScreen) {                // webkit
7        div.webkitRequestFullScreen();
8      } else if (div.mozRequestFullScreen) {                   // moz
9        div.mozRequestFullScreen();
10     } else if (div.msRequestFullscreen) {                    // ms
11       div.msRequestFullscreen();
12     } else if (div.oRequestFullScreen) {                     // o
13       div.oRequestFullScreen();
14     } else {
15         alert(' 暂不支持在您的浏览器中全屏 ');
16     }
17   };
18 </script>
```

上述代码中，第 2 行代码获取 div 元素；第 3 ～ 17 行代码定义全屏显示方法，考虑其在不同浏览器上的兼容性，因此第 4 ～ 13 行代码为常用的浏览器做了兼容性的处理。

（4）实现单击"取消全屏"按钮，退出全屏效果，具体代码如下。

```
1  // 取消全屏
2  document.querySelector('#cancelFull').onclick = function() {
3    if(document.exitFullscreen) {                              // 正常浏览器
4      document.exitFullscreen();
5    } else if (document.webkitCancelFullScreen) {              // webkit
```

```
6      document.webkitCancelFullScreen();
7    } else if (document.mozCancelFullScreen) {                    // moz
8      document.mozCancelFullScreen();
9    } else if (document.msExitFullscreen) {                       // ms
10     document.msExitFullscreen();
11   } else if (document.oCancelFullScreen) {                      // o
12     document.oCancelFullScreen();
13   } else {
14     alert(' 暂不支持您的浏览器 ');
15   }
16 };
```

上述代码中，取消全屏显示是通过 document 对象的方法来实现的。

（5）在浏览器中刷新，然后单击"全屏显示"按钮，效果如图 3-4 所示。

图 3-4　全屏效果

（6）单击"取消全屏"按钮，即可恢复成原来的状态。

（7）实现单击"是否全屏"按钮，检测当前是否全屏显示，具体代码如下。

```
1 document.querySelector('#isFull').onclick = function() {
2   alert(document.webkitIsFullScreen);                          // webkit
3 };
```

上述代码中，以 Chrome 浏览器为例检测了当前是否处于全屏状态。如果返回的值为 false，则表明当前不是全屏状态，如果返回的值为 true，则表明当前处于全屏状态。

（8）在浏览器中刷新，单击"是否全屏"按钮，效果如图 3-5 所示。

图 3-5　检测是否处于全屏状态

3.1.3　文件读取

在前端开发中，如果想要把上传成功后的文件内容显示到页面上，或者在上传图片完成后把图片的缩略图显示到页面中，就需要用到 HTML5 提供的文件读取接口来实现。该接口通过 FileReader 对象来读取本地存储的文件，然后使用 File 对象来指定读取的文件或数据。

其中，File 对象可以是来自用户在一个元素上（如 <input>）选择文件后返回的 FileList 对象，也可以是自由拖曳操作生成的 dataTransfer 对象。因为 dataTransfer 对象只能访问文件的一些基本的信息，如文件大小和文件名等，所以在这里使用 FileReader 对象来获取文件的内容。下面讲解如何实现文件读取。

1. 选择上传的文件

由于 Web 环境的特殊性，考虑到文件安全问题，浏览器不允许 JavaScript 直接访问文件系统。通常使用 <input> 表单元素的文件域 <input type="file"> 来实现文件的上传，在默认情况下一个文件域只能上传一个文件。该元素还有一个 multiple 属性（HTML5 新增），可以实现一次上传多个文件，示例代码如下。

```
<input type="file" multiple>
```

在用户选择文件以后，可以得到一个 FileList 对象，它代表所选的文件列表。该对象是一个类数组的形式，其中包含一个或多个 File 对象。如果没有 multiple 属性或者用户只选择了一个上传文件，那么只需要访问 FileList 对象的第一个元素。

为了让读者更好地理解，下面通过例 3-3 进行演示。

【例 3-3】

（1）创建 C:\web\chapter03\demo03.html 文件，具体代码如下。

```
1   <!DOCTYPE html>
2   <html>
3   <head>
4     <meta charset="UTF-8">
5     <title>Document</title>
6   </head>
7   <body>
8   <input type="file" multiple>
9   <script>
10    var file = document.querySelector('input');
11    file.onchange = function() {              // 当用户选择文件后执行此事件
12      console.log(this.files);               // 查看 FileList 对象
13    };
14  </script>
15  </body>
16  </html>
```

（2）通过浏览器打开 demo03.html，在页面中随意选择一个文件，然后在控制台中查看 this.files 的输出结果，如图 3-6 所示。

图 3-6　查看 FileList 对象

由于 FileList 对象与其他类数组对象一样，也有 length 属性，因此可以使用 for 循环遍历其内部的 File 对象，示例代码如下。

```
for( var i = 0, numFiles = files.length; i < numFiles; i++){
  var file = files[i];
  ...
}
```

2. FileReader 对象

成功选择文件后，可以使用 FileReader 对象来读取内容。FileReader 是 HTML5 新增的内置对象，它可以将文件对象转换为字符串、DataURL 对象或者二进制字符串等，以进行下一步操作。

在使用 FileReader 对象前，需要实例化 FileReader() 构造函数，获得一个对象。然后通过这个对象的方法和事件，来实现文件的读取等不同的功能。FileReader 对象的常用方法如表 3–1 所示。

表 3–1　FileReader 对象的常用方法

方法名称	参数	描述
readAsBinaryString	file	将文件读取为二进制编码
readAsText	file,[ending]	将文件读取为文本
readAsDataURL	file	将文件读取为 DataURL
abort	(none)	中断读取操作

需要注意的是，无论文件是否读取成功，读取文件的方法都不会返回读取的结果，而是将读取结果存储到 result 属性中。readAsText() 方法完成后，result 属性中将包含一个字符串用来表示读取文件的内容；readAsDataURL 方法完成后，result 属性中将包含一个 "data: URL" 格式的 Base64 字符串来表示读取文件的内容。

FileReader 对象的常用事件如表 3–2 所示。

表 3–2　FileReader 对象的常用事件

事件名称	描述
onabort	读取中断时触发
onerror	读取发生错误时触发
onloadstart	读取开始时触发
onprogress	正在读取时触发
onload	读取成功时触发
onloadend	读取完成时触发（无论成功或失败）

▌▌ 小提示：

由于 FileReader 对象继承自 EventTarget 对象，因此表 3–2 中的事件也可以通过 addEventListener 方法来使用。

下面演示 FileReader 对象的使用，示例代码如下。

```
// ① 初始化 reader 对象
var reader = new FileReader();
// ② 读取文件内容
reader.readerAsText( 文件对象);          // 方式1：读取文本
reader.readAsDataURL( 文件对象);          // 方式2：读取图片的缩略图
// ③ 将读取的内容显示到页面中
reader.onload = function() {             // 读取成功时触发
```

```
    div.innerHTML = this.result;              // 将生成的内容显示到页面的 div 元素中
    img.src = this.result;                    // 将生成的内容赋值为 img 图片的 src
  };
```

在上述代码中，首先实例化 FileReader() 构造函数，创建 reader 对象。然后调用 reader 对象的 readAsText() 或 readAsDataURL() 方法来读取文件的内容。读取后，在 onload 事件中就可以访问读取结果 this.result。

3. 读取文本文件

下面通过案例演示如何读取文本文件。当用户单击"选择文件"按钮后，将文本文件的内容显示到页面中，具体实现步骤如例 3-4 所示。

【例 3-4】

（1）创建 C:\web\chapter03\demo04.html 文件，具体代码如下。

```
1   <!DOCTYPE html>
2   <html>
3   <head>
4     <meta charset="UTF-8">
5     <title>Document</title>
6   </head>
7   <body>
8     <input type="file" multiple>
9     <div></div>
10    <script>
11      var file = document.querySelector('input');
12      var div = document.querySelector('div');
13      file.onchange = function() {
14        var reader = new FileReader();
15        reader.readAsText(this.files[0]);              // 读取文件内容
16        reader.onload = function() {
17          div.innerHTML = this.result;                 // 将读取的内容显示到页面中
18        };
19      };
20    </script>
21  </body>
22  </html>
```

上述代码中，第 8 行代码定义 input 元素，通过文件域来实现文件上传操作；第 9 行代码定义 div 元素用来显示读取的文件内容；第 11 ~ 12 行代码获取 input 元素和 div 元素；第 13 ~ 19 行代码绑定 onchange 事件，当发生改变时触发该事件。其中，第 17 行代码将读取的结果 this.result 赋值给 div 的 innerHTML 属性。

（2）创建 C:\web\chapter03\test.txt 文件，将编码设为 UTF-8，文件内容如下。

```
1   我是第一行文本 <br>
2   我是第二行文本 <br>
3   我是第三行文本 <br>
4   我是第四行文本
```

（3）在浏览器中测试，选择 test.txt 文件，运行效果如图 3-7 所示。

图 3-7　读取文本文件

4. 显示上传文件的缩略图

下面通过案例实现当用户单击"选择文件"按钮选择一张图片后，在页面中显示该图片的缩略图。本案例的具体实现步骤如例 3-5 所示。

【例 3-5】

（1）创建 C:\web\chapter03\demo05.html 文件，编写代码，具体代码如下。

```
1  <!DOCTYPE html>
2  <html>
3  <head>
4    <meta charset="UTF-8">
5    <title>Document</title>
6  </head>
7  <body>
8    <input type="file" multiple>
9    <img src="" alt="缩略图" width="100px" height="100px">
10   <script>
11     var file = document.querySelector('input');
12     var img = document.querySelector('img');
13     file.onchange = function() {
14       var reader = new FileReader();
15       reader.readAsDataURL(this.files[0]);     // 读取文件内容
16       reader.onload = function() {
17         img.src = this.result;                 // 将读取的内容显示到页面中
18       };
19     };
20   </script>
21  </body>
22  </html>
```

上述代码中，第 9 行代码定义 img 元素用来显示读取的图片；第 11 ~ 12 行代码获取 input 元素和 img 元素；第 13 ~ 19 行代码绑定 onchange 事件，当图片发生改变时触发该事件；第 17 行代码将读取的结果 this.result 赋值给 img 的 src 属性。

（2）在浏览器中进行测试，选择一张图片后，效果如图 3-8 所示。

图 3-8　显示缩略图

3.1.4　地理定位

地理定位在日常生活中应用比较广泛，例如互联网打车、在线地图等。在 HTML5 的规范中，增加了获取用户地理位置信息的接口 Geolocation，开发者可以通过经纬度来获取用户的地理位置信息。

Geolocation 接口封装了获取位置信息的技术细节。开发者不需要关心信息的来源，只需关注如何使用即可，这极大地简化了开发的难度。目前，该接口已经得到了大部分浏览器的支持，如 Firefox、IE 9、Opera、Safari 和 Chrome 等。此外，对于拥有 GPS 的设备，定位会更加准确，如 iPhone 或 Android 手机等。下面讲解 Geolocation 的用法，以及如何基于

Geolocation 开发互联网应用。

1. 获取当前地理位置

navigator.geolocation 对象提供了 getCurrentPosition() 方法来获取当前地理位置。其中，navigator 是浏览器的内置对象。当 getCurrentPosition() 方法被调用时，会发起一个异步请求，浏览器会去调用底层的硬件来更新当前的位置信息。

getCurrentPosition() 方法的参数说明如下。

```
getCurrentPosition(successCallback, errorCallback)
```

当 getCurrentPosition() 方法成功获取地理信息后，会在 successCallback 回调函数中传入 position 对象。该 position 对象包含 coords 和 timestamp 两个属性。其中，coords 是一个 coordinates 对象，该 coordinates 对象包含当前位置的一些信息；timestamp 表示获取到位置的时间戳。coords 包含的信息如表 3-3 所示。

表 3-3　coords 包含的信息

属性名	描述
latitude	十进制表示的纬度坐标
longitude	十进制表示的经度坐标
accuracy	当前经纬度信息的精度（单位为米）
altitude	海拔高度（单位为米）
altitudeAccuracy	当前海拔高度的精度
heading	当前设备的朝向（以弧度为单位），从正北开始计算

下面通过案例来演示如何使用 getCurrentPosition() 来获取当前位置。本案例的具体实现步骤如例 3-6 所示。

【例 3-6】

（1）创建 C:\web\chapter03\demo06.html 文件，具体代码如下。

```
1  <!DOCTYPE html>
2  <html>
3  <head>
4    <meta charset="UTF-8">
5    <title>Document</title>
6  </head>
7  <body>
8    <p id="demo">获得您的坐标：</p>
9    <button onclick="getLocation()">试一下</button>
10   <script>
11     var x = document.getElementById('demo');
12     function getLocation() {
13       if (navigator.geolocation) {
14         navigator.geolocation.getCurrentPosition(showPosition, showError);
15       } else {
16         x.innerHTML = '当前浏览器不支持地理定位';
17       }
18     }
19     // 获取定位成功，显示位置信息
20     function showPosition(position) {
21       x.innerHTML =
22         'Latitude: ' + position.coords.latitude +              // 纬度
23         '<br>Longitude: ' + position.coords.longitude;         // 经度
24     }
25     // 获取定位失败，显示错误信息
```

```
26        function showError(error) {
27          switch (error.code) {
28            case error.PERMISSION_DENIED:
29              x.innerHTML = '用户拒绝地理定位请求';
30            break;
31            case error.POSITION_UNAVAILABLE:
32              x.innerHTML = '位置信息不可用';
33            break;
34            case error.TIMEOUT:
35              x.innerHTML = '获取用户位置的请求超时';
36            break;
37            case error.UNKNOWN_ERROR:
38              x.innerHTML = '发生了一个不明错误';
39            break;
40          }
41        }
42    </script>
43  </body>
44  </html>
```

上述代码中，第 13 ～ 17 行代码使用 if 语句判断当前浏览器是否支持地理定位。如果支持就执行第 14 行代码，否则执行第 16 行代码。第 14 行 getCurrentPosition() 方法的参数 showPosition 是调用成功之后需要执行的函数，showError 是调用失败之后要执行的函数。

（2）通过浏览器访问测试，单击"试一下"按钮后，会提示是否允许当前页面获取您的位置，如图 3-9 所示。

（3）单击"允许"按钮后，页面中显示"位置信息不可用"，这是因为在 PC 端的 Chrome 浏览器中无法直接获取用户的位置。但在 Mac 计算机或移动端设备上是可以使用的。为了查看获取定位后的效果，可以手动设置一个虚拟的位置。单击开发者工具右上角的"："按钮，选择"More tools"→"Sensors"，然后在 Geolocation 对应的下拉菜单中选择"Shanghai"，如图 3-10 所示。

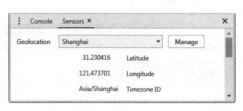

图 3-9　是否允许获取您的位置

图 3-10　设置地址位置

（4）查看获取定位后的结果，如图 3-11 所示。

2. 调用百度地图插件

在实际开发中，利用第三方的 API（如百度地图）可以很方便地实现地理定位和信息的获取。百度地图提供了丰富的地图数据库，如定位、地图、导航、搜索和路线规划等。这些 API 都是基于用户当前位置的，并将用户位置（经 / 纬度）作为参数进行传递，从而实现相应的功能，并支持各类应用的开发者对地理位

图 3-11　获取地理定位

置的获取需求。百度地图开放平台提供了丰富的地理位置的相关应用。由于篇幅有限，在这

里就不一一进行讲解了，而是挑选其中的一种功能来演示百度地图的使用。读者在掌握百度地图的简单使用之后，可以根据实际的项目需求去选择使用其他的功能。

下面通过案例讲解如何实现百度地图 3D 视角效果，并且能够手动设置中心点坐标和地图显示级别。本案例的具体实现步骤如例 3-7 所示。

【例 3-7】

（1）进入百度地图开放平台官网，选择导航栏中的"开发文档"下的"Web 开发"，找到"JavaScript API"选项，如图 3-12 所示。

图 3-12　选择"JavaScript API"选项

（2）单击"JavaScript API"后，进入图 3-13 所示的页面。

图 3-13　示例 DEMO

（3）在图 3-13 中向下滑动页面，找到"核心功能体验"区域，如图 3-14 所示。

图 3-14　"核心功能体验"区域

（4）单击图 3-14 中的"DEMO 详情"按钮，进入图 3-15 所示的页面。

图 3-15　地图 JS API 示例

在图 3-15 中可以看到，中间一栏的源代码编辑器已经提供了写好的代码。我们可以将这段代码复制到项目中，对代码稍微做一些修改即可使用。

（5）创建 C:\web\chapter03\demo07.html 文件，参考图 3-15 中的示例代码，完成地图 3D

视觉效果的编写，示例代码如下。

```
1    <!DOCTYPE html>
2    <html>
3    <head>
4      <meta http-equiv="Content-Type" content="text/html; charset=utf-8" />
5      <meta name="viewport" content="initial-scale=1.0, user-scalable=no" />
6      <style type="text/css">
7        body,
8        html,
9        #allmap{
10         width: 100%;
11         height: 100%;
12         overflow: hidden;
13         margin:0;
14         font-family:" 微软雅黑 ";
15       }
16     </style>
17     <script type="text/javascript" src="//api.map.baidu.com/api?type=webgl&v=1.0&ak= 您的密钥 "></script>
18     <title> 设置地图 3D 视角 </title>
19   </head>
20   <body>
21     <div id="allmap"></div>
22     <script type="text/javascript">
23       // 按住鼠标右键， 修改倾斜角和角度
24       // 创建 Map 实例
25       var map = new BMapGL.Map('allmap');
26        // 初始化地图， 设置中心点坐标和地图级别
27       map.centerAndZoom(new BMapGL.Point(116.280190, 40.049191), 19);
28       // 开启鼠标滚轮缩放
29       map.enableScrollWheelZoom(true);
30       map.setHeading(64.5);
31       map.setTilt(73);
32     </script>
33   </body>
34   </html>
```

上述代码中，第 5 行代码通过 <meta> 标签设置视口，用于适应移动端页面展示；第 6~16 行代码用于设置容器样式，使地图充满整个浏览器窗口；第 17 行代码用于引入百度地图 API 文件，其中，"您的密钥"需要读者替换成自己申请的密钥，密钥的申请会在后面的步骤中讲解；第 21 行代码用于创建地图容器 div 元素；第 25 行代码使用 new 操作符创建一个地图实例，参数为元素的 id；第 27 行代码中的坐标点是示例的默认坐标点。在后面的步骤中将会讲解如何拾取自己想要的坐标点。

需要注意的是，demo07.html 页面不能直接双击打开，因为该页面需要动态加载数据，需要放到服务器下打开。下面将通过 VS Code 编辑器的 Live Server 扩展搭建本地服务器，利用本地服务器来预览网页，本地服务器的默认端口是 5500。

（6）单击 VS Code 编辑器左边栏中的"▦"按钮，在搜索框中输入关键词"Live Server"找到 Live Server 扩展，单击"安装"按钮进行安装即可。安装后，在代码编辑区域任意位置右击，在弹出的菜单中选择"Open with Live Server"，效果如图 3–16 所示。

图 3-16　运行结果

在图 3-16 中出现百度未授权使用地图 API 的提示，这是考虑到使用百度地图定位可能涉及隐私问题，需要开发者在官网中申请个人密钥，然后才能使用百度地图。

（7）在百度地图开放平台中申请密钥，如图 3-17 所示。

图 3-17　申请密钥

（8）申请成功后，效果如图 3-18 所示。在图 3-18 中选择合适的密钥复制即可。

图 3-18　复制密钥

（9）将复制出来的密钥粘贴到 demo07.html 第 17 行代码中的"您的密钥"位置。然后保存代码，刷新浏览器，页面效果如图 3-19 所示。

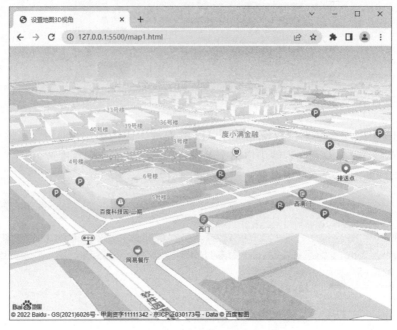

图 3-19 地图 3D 视角效果

（10）拾取坐标点。由于 DEMO 示例中提供的坐标是默认的，下面将讲解如何拾取自己想要的坐标点。打开百度地图开放平台官网，选择导航栏中的"开发文档"下的"开发者工具"，找到"坐标拾取器"选项，如图 3-20 所示。

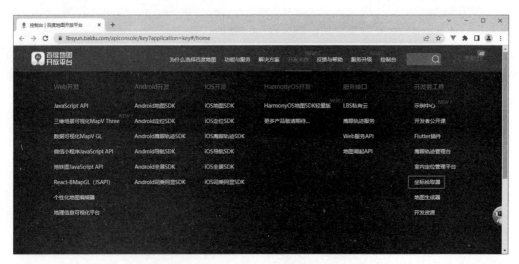

图 3-20 选择"坐标拾取器"选项

（11）单击"坐标拾取器"后，就会进入图 3-21 所示的页面中。

在图 3-21 所示的坐标拾取器页面中，可以在页面顶部的搜索框里搜索关键字，也可以直接在地图上选择坐标。当单击坐标点时（如单击图 3-21 中 A 处），右上角会显示当前的坐标点，可以直接复制并粘贴到文档中的坐标处来使用。

图 3-21　选取坐标

3. 百度地图名片

地图名片常用于企业网站或者商家信息的介绍，用来展示公司或者商铺的位置，告知他人如何到达该位置，以及提供周边的环境信息等。百度地图开放平台提供了便捷的方式来快速实现地图名片。

下面通过案例来学习如何完成地图名片的制作。本案例的具体实现步骤如例 3-8 所示。

【例 3-8】

（1）进入百度地图名片网页。此时先不要急于去设置名片，而是先去了解设置地图名片的操作步骤，如图 3-22 所示。

图 3-22　设置地图名片的操作步骤

（2）了解了设置地图名片的操作步骤之后，返回页面顶部找到制作地图名片的入口按钮，页面如图 3-23 所示。

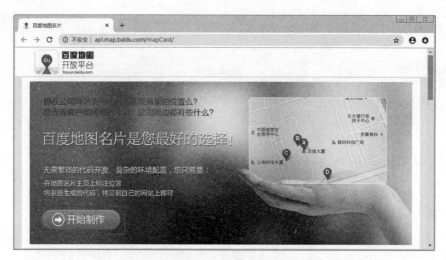

图 3-23　地图名片页面

（3）单击"开始制作"按钮，进入名片制作页面，如图 3-24 所示。

图 3-24　名片制作页面

在图 3-24 中，读者可以根据自己的实际需求填写相关的信息，然后单击"提交"按钮。

（4）单击"提交"按钮后，进入设置地图页面。在该页面中可以设置要显示的地图区域的大小，以及生成代码等，效果如图 3-25 所示。

在图 3-25 中，单击"复制"按钮，即可将生成的地图名片代码复制下来。

（5）创建 C:\web\chapter03\demo08.html 文件，编写 HTML 结构代码，把复制的地图名片代码粘贴到 demo08.html 文件中，具体代码如下。

```
1    <!DOCTYPE html>
2    <html>
3    <head>
```

```
4      <meta charset="UTF-8">
5      <title>Document</title>
6    </head>
7    <body>
8      <iframe width="504" height="857" frameborder="0" scrolling="no" marginheight="0"
marginwidth="0" src="http://j.map.baidu.com/s/EYoIFb"></iframe>
9    </body>
10   </html>
```

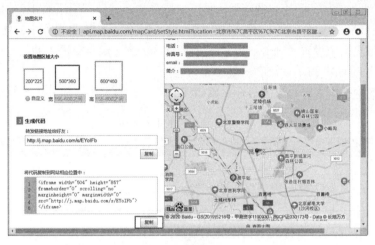

图 3-25　设置地图名片

（6）保存代码，在浏览器中进行测试，效果如图 3-26 所示。

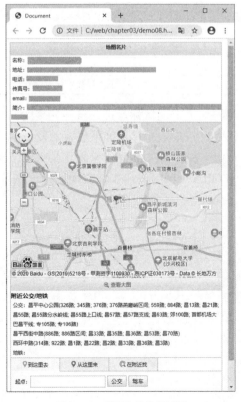

图 3-26　地图名片运行结果

3.1.5　拖曳

拖曳操作需要借助鼠标来实现，如文件或图片的移动操作等。在开发中，经常使用原生的 JavaScript 来实现拖曳效果，实现起来比较复杂。因此，HTML5 提供了更好用的接口或者事件，在很大程度上降低了页面中拖曳交互的实现难度。

在 HTML5 中，任何元素都能够实现拖曳操作，可以通过为元素添加属性 draggable="true" 来实现。需要注意的是，图片和链接默认是可以拖曳的，它们不用添加 draggable 属性。一个完整的拖曳效果是由拖曳（Drag）和释放（Drop）组成的。在拖曳操作中，被拖动的元素称作源对象，是指页面中设置了 draggable="true" 属性的元素；源对象进入的元素称作目标元素，目标元素可以是页面中的任一元素。

在 HTML5 中提供了源对象和目标元素相关的事件，如表 3-4 和表 3-5 所示。

表 3-4　源对象的事件监听

事件	事件描述
ondragstart	当拖曳开始时触发
ondrag	作用于整个拖曳过程
ondragend	当拖曳结束时触发

在表 3-4 中，ondrag 事件表示在拖曳元素被拖曳过程中会触发的事件。此时，鼠标可能在移动也可能未移动。

表 3-5　目标元素的事件监听

事件	事件描述
ondragenter	当源对象进入目标元素时触发
ondragover	当源对象悬停在目标元素上方时触发
ondragleave	当源对象离开目标元素时触发
ondrop	当源对象在目标元素上方释放鼠标时触发

需要注意的是，只有当源对象上的鼠标点进入目标元素时，才会触发 ondragenter 事件。默认情况下，浏览器会默认阻止 ondrop 事件，如果想要触发该事件，则需要在 ondragover 事件中使用 "return false;"（或者 e.preventDefault()）来阻止其默认行为。

下面通过案例来演示 HTML5 中的拖曳操作，实现源对象在目标元素中的拖曳效果。本案例的具体实现步骤如例 3-9 所示。

【例 3-9】

（1）创建 C:\web\chapter03\demo09.html 文件，具体代码如下。

```
1   <!DOCTYPE html>
2   <html>
3   <head>
4     <meta charset="UTF-8">
5     <title>Document</title>
6     <style>
7       * {
8         margin: 0;
9         padding: 0;
10      }
11      div {
```

```
12        width: 200px;
13        height: 200px;
14        border: 1px solid red;
15        float: left;
16        margin: 10px;
17      }
18      div:nth-child(2) {
19        border: 1px solid green;
20      }
21      div:nth-child(3) {
22        border: 1px solid blue;
23      }
24      p {
25        height: 25px;
26        background-color: pink;
27        line-height: 25px;
28        text-align: center;
29      }
30    </style>
31  </head>
32  <body>
33    <div id="div1">
34      <p id="p1" draggable="true"> 拖曳内容 1</p>
35      <p id="p2" draggable="true"> 拖曳内容 2</p>
36      <p id="p3" draggable="true"> 拖曳内容 3</p>
37      <p id="p4" draggable="true"> 拖曳内容 4</p>
38    </div>
39    <div id="div2"></div>
40    <div id="div3"></div>
41  </body>
42  </html>
```

上述代码定义了 3 个 div 盒子作为目标元素，元素 id 值分别是 div1、div2 和 div3。在 div1 盒子中，放置了 4 个 p 元素作为源对象，这些元素的 id 值分别为 p1、p2、p3 和 p4。

（2）保存代码，在浏览器中进行测试，效果如图 3-27 所示。

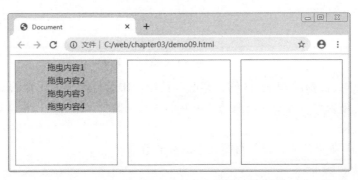

图 3-27　页面结构效果

（3）编写 JavaScript 代码。在第（1）步第 40 行代码后，编写如下代码，设置源对象的拖曳效果。

```
1  <script>
2    // 当拖曳开始时触发
3    document.ondragstart = function(event) {
4      console.log(' 源对象开始被拖动 ');
5      console.log(event.target.id);
6      event.dataTransfer.setData('text/html', event.target.id);// 传递 id 值
```

```
7      };
8      // 作用于整个拖曳过程（不断地执行）
9      document.ondrag = function(event) {
10       console.log('源对象被拖动过程中');
11     };
12     // 当拖曳结束时触发
13     document.ondragend = function(event) {
14       console.log('源对象被拖动结束');
15     };
16   </script>
```

上述代码中，考虑到源对象有多个，因此使用事件委托的方式，给源对象的父盒子添加事件。event.target（事件对象中的事件目标）用来获取每个子盒子。此外，由于源对象是可以在目标元素中任意来回拖动的，所以使用 document 来作为父盒子，在这里将事件对象委托给 document 元素。第 3 ～ 7 行代码用于实现源对象被拖动时的数据存储。其中，第 6 行代码在拖曳操作时使用 dataTransfer 对象来存储数据，该对象可以保存一种或者多种数据类型（如 URL、text/html 类型）、一项或多项数据。dataTransfer 对象的 setData() 方法可以为一个给定的类型设置数据。因为传递的是 id 值，属于字符串形式，所以使用 text/html 类型。

（4）在浏览器中访问 demo09.html 文件，并打开控制台，查看源对象的事件过程，页面效果如图 3-28 所示。

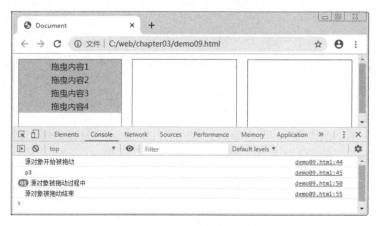

图 3-28　源对象的事件监听效果

在图 3-28 中，当拖动 id 为 p3 的元素时，控制台中会打印出该元素的 id 值，以及源对象开始被拖动、被拖动过程中和被拖动结束时的一系列监听。读者可以根据控制台打印的数据来观察监听过程。

（5）继续编写如下代码，设置目标元素的释放效果。

```
1    // 当源对象进入目标元素时
2    document.ondragenter = function(event) {
3      console.log('目标对象被源对象拖动着进入');
4      console.log(event.target);
5    };
6    // 当源对象悬停在目标元素上方时触发
7    document.ondragover = function(event) {
8      console.log('源对象悬停在目标元素上方');
9      return false;
10   };
11   // 当源对象离开目标元素时
12   document.ondragleave = function() {
```

```
13    console.log(' 离开了 ');
14  };
15  // 当源对象在目标元素上方释放鼠标时
16  document.ondrop = function(event) {
17    console.log(' 上方释放 / 松手 ');
18    var id = event.dataTransfer.getData('text/html');
19    event.target.appendChild(document.getElementById(id));
20  };
```

上述代码中，定义了应用于目标元素的一系列监听事件。第 16 ～ 20 行代码实现了当源
对象在目标元素上释放（或松手）鼠标时，将源对象放入目标元素的效果。其中，第 18 行
代码使用 dataTransfer 对象的 getData() 方法，获取之前使用 setData() 方法存入的 id 值；第 19
行代码使用 document.getElementById() 获取 id 值对应的元素，并使用 appendChild() 方法将其
追加到 event.target 目标对象中。

（6）在浏览器中刷新，然后进行拖曳操作，查看源对象进入目标元素的事件过程，页面
效果如图 3–29 所示。

图 3–29 目标元素的事件监听效果

3.1.6 Web 存储

随着互联网的快速发展，基于网页的应用越来越普遍，同时也变得越来越复杂。为了满足
各种各样的需求，会经常在本地设备上存储大量的数据。例如，记录历史活动信息。传统的方
式是使用 document.cookie 来进行存储，但是由于其存储空间有限（大约 4KB），并且需要复杂的
操作来解析，给开发者带来了诸多不便。为此，HTML5 规范提出了网络存储相关的解决方案，
即 Web Storage(Web 存储)和本地数据库 Web SQL Database。下面重点讲解 Web Storage 的基本用法。

1. Web Storage

Web Storage API 中包含两个关键的对象，分别是 window. sessionStorage 对象和
window. localStorage 对象。前者用于区域存储，后者用于本地存储。

Web Storage 具有以下特点。

（1）数据的设置和读取比较方便。

（2）容量较大，sessionStorage 大约为 5MB，localStorage 大约为 20MB。

（3）只能存储字符串，若想要存储 JSON 对象，则可以使用 window.JSON.stringify() 或者
parse() 进行序列化和反序列化编码。

目前，主流的 PC 端 Web 浏览器都在一定程度上支持 HTML5 的 Web Storage，如表 3-6 所示。

表 3-6　Web 浏览器对 Web Storage 的支持情况

IE	Firefox	Chrome	Safari	Opera
8 + 支持	2.0 + 支持	4.0 + 支持	4.0 + 支持	11.5 + 支持

从表 3-6 可以看出，各 Web 浏览器对 Web Storage 的支持情况良好。

移动设备浏览器对 Web Storage 的支持情况如表 3-7 所示。

表 3-7　移动设备浏览器对 Web Storage 的支持情况

iOS Safari	Android Browser	Opera Mobile	Opera Mini
3.2 + 支持	2.1 + 支持	12 + 支持	不支持

从表 3-7 可以看出，iOS 和 Android 两大平台对 Web Storage 的支持情况良好。目前市面上的主流手机和平板计算机都依赖这两个平台。所以在实际开发中，基本上不需要考虑 Web Storage 的移动设备的浏览器兼容情况。

为了确保代码的严谨性，可以使用如下语句检测浏览器的支持情况。

```
1  <script>
2    if (window.sessionStorage) {
3      // 浏览器支持 sessionStorage
4    } else if (window.localStorage) {
5      // 浏览器支持 localStorage
6    }
7  </script>
```

Web Storage 除了在移动平台上具有良好的兼容性外，它还具有以下优势。

（1）减少网络流量的使用。

使用 Web Storage，一旦数据保存在本地后，就可以避免再次向服务器请求数据。因此减少了不必要的数据请求，同时也减少了数据在浏览器和服务器间不必要的来回传递。

（2）能够快速显示数据。

使用 Web Storage 性能好，因为从本地读数据比通过网络从服务器获得数据速度要快很多，可以即时获得本地数据。另外，网页本身也有缓存，因此如果整个页面和数据都在本地，则可以立即显示。

（3）可以临时存储数据。

在很多时候，数据只需要在用户浏览一组页面期间使用，而关闭窗口后数据就可以丢弃。这种情况使用 sessionStorage 非常方便。

Web Storage 接口中提供了一些方法和属性，如表 3-8 所示。

表 3-8　Storage 接口提供的方法和属性

方法 / 属性	描述
key(n)	该方法用于返回存储对象中第 n 个 key 的名称
setItem(key, value)	该方法接收一个键名和值作为参数，将会把键值对存储起来，如果键名存在，则更新其对应的值
getItem(key)	该方法接收一个键名作为参数，返回键名对应的值
removeItem(key)	该方法删除键名为 key 的存储内容
clear()	该方法清空所有存储内容
length	该属性返回 Storage 存储对象中包含的 item 的数量

由于 sessionStorage 对象和 localStorage 对象都是 Storage 的实例，所以都可以使用 Storage 接口提供的方法和属性。

2. sessionStorage 对象

sessionStorage 主要用于区域存储，区域存储是指数据只在单个页面的会话期内有效。下面首先介绍一下什么是会话。

session 就是会话的意思，比如现实生活中，打电话时从拿起话筒拨号到挂断电话之间的一系列过程可以称为一次会话。在 Web 开发中，一次会话是指一个浏览器窗口从打开到关闭的过程。如果关闭浏览器，那么会话就将结束。sessionStorage 的数据是保存在浏览器的内存中的。当浏览器关闭后，内存将被自动清除。需要注意的是，sessionStorage 中存储的数据只在当前浏览器窗口有效。如果只想将数据保存在当前会话中，可以使用 sessionStorage 属性。

下面通过案例来演示 sessionStorage 的具体使用方法。本案例的具体实现步骤如例 3-10 所示。

【例 3-10】

（1）创建 C:\web\chapter03\demo10.html 文件，具体代码如下。

```
1  <!DOCTYPE html>
2  <html>
3  <head>
4    <meta charset="UTF-8">
5    <title>Document</title>
6  </head>
7  <body>
8  <input type="text" id="username">
9  <button id="setData">设置数据</button>
10 <button id="getData">获取数据</button>
11 <button id="delData">删除数据</button>
12 <script>
13   var username = document.querySelector('#username');
14   // 单击 "设置数据" 按钮, 设置数据
15   document.querySelector('#setData').onclick = function() {
16     var val = username.value;  // 获取 username 里面的值
17     window.sessionStorage.setItem('username', val);
18   };
19   // 单击 "获取数据" 按钮, 获得数据
20   document.querySelector('#getData').onclick = function() {
21     alert(window.sessionStorage.getItem('username'));
22   };
23   // 单击 "删除数据" 按钮, 删除数据
24   document.querySelector('#delData').onclick = function() {
25     window.sessionStorage.removeItem('username');
26   };
27 </script>
28 </body>
29 </html>
```

上述代码中，第 8 行代码的输入框用于用户输入信息；第 9 ～ 11 行代码设置了 3 个按钮，并分别添加了不同的 id 值，以便在单击按钮后触发相应的事件；第 17、21、25 行代码分别使用了 sessionStorage 的 setItem()、getItem() 和 removeItem() 方法，用于设置数据、获取数据和删除数据。

（2）保存代码，在浏览器中进行测试，效果如图 3-30 所示。

图 3-30　初始效果

（3）在文本框中输入"admin"，然后单击"设置数据"按钮，这时数据将被存储到 sessionStorage 中，如图 3-31 所示。

图 3-31　设置数据

（4）单击"获取数据"按钮，查看数据是否设置成功。如果成功会显示在弹出框中，如图 3-32 所示。

图 3-32　获取数据

（5）单击"删除数据"按钮，可以删除该数据。删除后再次单击"获取数据"按钮，弹出框中显示为 null，则表示删除成功，如图 3-33 所示。

3. localStorage 对象

localStorage 作为 HTML5 Web Storage 的 API 之一，主要作用是本地存储。localStorage 可以将数据按照键值对的方式保存在客户端计算机中，直到用户或者脚本主动清除数据，否则该数据会一直存在。也就是说，使用了本地存储的数据将被持久化保存。

图 3-33　删除数据

localStorage 的优势在于拓展了 Cookie 的 4KB 限制，并且可以将第一次请求的数据直接存储到本地。其容量相当于一个 5MB 大小的数据库。不同于 Cookie 会在每个请求头中发送，localStorage 不会在请求头中发送，可以节约带宽。

localStorage 在使用中也有一些局限，具体如下。

（1）IE 浏览器在 IE 8 以上版本才支持 localStorage 属性。

（2）不同浏览器可以保存的数据量大小不统一。

（3）目前所有的浏览器中都会把 localStorage 的值类型限定为 String 类型，localStorage 不会自动将日常比较常见的 JSON 对象类型转换成字符串形式，需要做一些转换。

（4）localStorage 在浏览器的隐私模式下是不可读取的。

（5）localStorage 本质上是对字符串的读取。如果存储的内容过多会消耗内存空间，导致页面下载速度变慢。

（6）localStorage 不能被网络爬虫抓取到。

localStorage 与 sessionStorage 唯一的区别就是存储数据的生命周期不同。locaStorage 是永久性存储，而 sessionStorage 的生命周期与会话保持一致，会话结束时数据消失。从硬件方面理解，localStorage 的数据是存储在硬盘中的，关闭浏览器时数据仍然在硬盘上，再次打开浏览器仍然可以获取。而 sessionStorage 的数据保存在浏览器的内存中，当浏览器关闭后，内存将被自动清除。

3.1.7　播放视频和音频

HTML5 为网页提供了处理视频数据和音频数据的能力。下面将详细讲解 HTML5 提供的音频和视频处理标签。

1. <video> 标签的使用

<video> 标签用来定义视频播放器，它不仅是一个播放视频的标签，而且其控制栏还实现了包括播放、暂停、进度和音量控制、全屏等功能，更重要的是，用户可以自定义这些功能和控制栏的样式。

<video> 标签的基本语法如下。

```
<video src=" 视频文件路径 " controls>
    你的浏览器不支持 video 标签
</video>
```

在上述语法中，src 和 controls 是 <video> 标签的两个基本属性。其中，src 属性用于设置视频文件的路径，也可以为该标签设置 width 和 height 值；controls 属性用于为视频提供播放控件。并且，<video> 和 </video> 之间还可以插入文字，用于在浏览器不能支持时显示。

当使用 <video> 标签时，还需要注意视频文件的格式问题。<video> 标签支持以下 3 种视频格式。

- Ogg：带有 Theora 视频编码和 Vorbis 音频编码的 Ogg 文件。
- MPEG4：带有 H.264 视频编码和 AAC 音频编码的 MPEG4 文件。
- WebM：带有 VP8 视频编码和 Vorbis 音频编码的 WebM 文件。

在了解 <video> 视频文件的格式后，下面来看一下不同浏览器对视频文件类型的支持情况，如表 3-9 所示。

表 3-9　不同浏览器对视频文件的支持情况

视频格式	IE 9	Firefox 4.0	Opera 10.6	Chrome 6.0	Safari 3.0
Ogg	不支持	支持	支持	支持	不支持
MPEG4	支持	不支持	不支持	支持	支持
WebM	不支持	支持	支持	支持	不支持

从表 3-9 中可以看出，到目前为止，没有一种视频格式能让所有浏览器都支持。为此，HTML5 中提供了 <source> 标签，用于指定多个备用的不同格式的文件路径，语法如下。

```
<video controls>
  <source src=" 视频文件地址 " type="video/ 格式 ">
  <source src=" 视频文件地址 " type="video/ 格式 ">
</video>
```

对 <video> 标签有了基本了解后，下面通过一个案例来演示 <video> 标签的具体使用方法，如例 3-11 所示。

【例 3-11】

（1）创建 C:\web\chapter03\demo11.html 文件，具体代码如下。

```
1  <!DOCTYPE html>
2  <html>
3  <head>
4    <meta charset="UTF-8">
5    <title>Document</title>
6  </head>
7  <body>
8    <video controls>
9      <source src="video/fun.mp4">
10   </video>
11 </body>
12 </html>
```

上述代码中，第 8 行代码给 <video> 标签添加 controls 属性，该属性用于设置或返回浏览器默认显示的标准的音视频控件。音视频控件包括播放、暂停、进度条、音量和全屏切换等功能。

（2）保存上述代码，在浏览器中访问 demo11.html，页面效果如图 3-34 所示。

2. 视频控件在不同浏览器上的显示效果统一

<video> 标签的视频控件在不同浏览器上的显示效果不同。例如，使用 Firefox 浏览器打开前面编写的 demo11.html，页面效果如图 3-35 所示。

图 3-34　<video> 标签显示效果

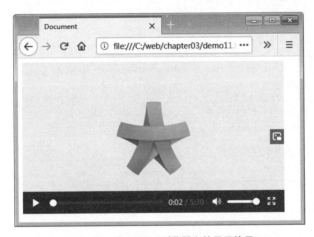

图 3-35　在 Firefox 浏览器上的显示效果

通过对比 Chrome 浏览器和 Firefox 浏览器的视频控件效果，可以看出不同浏览器有很大的差异。为了解决差异问题，下面将手动设计一个视频播放器，实现视频播放界面在不同浏览器上显示相同的效果，并完成视频的播放、暂停和快进等操作。自定义播放控件效果图如 3-36 所示。

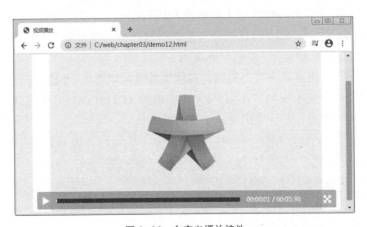

图 3-36　自定义播放控件

本案例的具体实现步骤如例 3-12 所示。在案例中用到的相关图片资源和视频资源请参考本书配套源代码。

【例 3-12】

（1）创建 C:\web\chapter03\demo12.html 文件，具体代码如下。

```
1   <!DOCTYPE html>
2   <html>
3   <head>
4     <meta charset="UTF-8">
5     <title>视频播放</title>
6     <!-- 字体图标库 -->
7     <link rel="stylesheet" href="css/font-awesome.css"/>
8     <link rel="stylesheet" href="css/player.css"/>
9   </head>
10  <body>
11  <figure>
12    <figcaption>视频播放器</figcaption>
13      <div class="player">
14        <video src="./video/fun.mp4"></video>
15        <div class="controls">
16          <!-- 播放 / 暂停 -->
17          <a href="javascript:;" class="switch fa fa-play"></a>
18          <!-- 播放进度 -->
19          <div class="progress">
20            <div class="line"></div>
21            <div class="bar"></div>
22          </div>
23          <!-- 当前播放时间 / 播放总时长 -->
24          <div class="timer">
25            <span class="current">00:00:00</span> / <span class="total">00:00:00</span>
26          </div>
27          <!-- 全屏 / 取消全屏 -->
28          <a href="javascript:;" class="expand fa fa-arrows-alt"></a>
29        </div>
30      </div>
31    </figure>
32  </body>
33  </html>
```

上述代码中，第 11 ～ 31 行代码使用 figure 元素标记文档中的一个图像，并使用 figcaption 元素来定义标题，它可以位于 figure 元素的第一个或最后一个子元素的位置。使用 Font Awesome 图标库来定义一些图标（如播放 / 暂停图标、全屏图标等）。其中，第 14 行代码定义视频播放器；第 15 ～ 29 行代码定义视频播放控件，包括播放 / 暂停、播放进度、当前播放时间 / 播放总时长和全屏 / 取消全屏功能。

（2）保存代码，在浏览器中进行测试，视频加载效果如图 3-37 所示。

（3）在加载完成后显示视频。在第（1）步中的第 31 行代码后，编写如下代码，实现加载完毕之后显示视频效果，并计算出视频播放的总时长。

```
1   <script src="jquery.min.js"></script>
2   <script>
3     // 获取元素
4     var video = $("video").get(0);  // 把 jQuery 对象转换为 DOM 对象
5     // 计算时分秒函数 formatTime
6     function formatTime(time) {
7       var h = Math.floor(time / 3600);
8       var m = Math.floor(time % 3600 / 60);
```

```
9       var s = Math.floor(time % 60);
10      // 00:00:00
11      return (h < 10 ? "0" + h : h) + ":" + (m < 10 ? "0" + m : m) + ":" + (s < 10 ? "0" + s : s);
12    }
13    // 当浏览器可以播放视频的时候，就让 video 显示出来，同时显示出视频的总时长
14    video.oncanplay = function() {
15      $("video").show();
16      var totalTime = formatTime(video.duration);
17      $(".total").html(totalTime);   // 把计算出来的总时长放入页面元素中
18    };
19  </script>
```

图 3-37　加载效果

上述代码中，为了方便代码的编写，第 1 行代码引入 jquery.min.js 文件；第 4 行代码用于把 jQuery 对象转换为 DOM 对象，这是因为 video 元素提供的方法、属性和事件需要使用 JavaScript 来进行操作；第 6 ～ 12 行代码定义 formatTime() 函数，用于实现时间的转换；第 14 行代码中的 oncanplay 事件会在浏览器可以播放视频时触发。

（4）实现播放和暂停效果。在第（3）步中的第 18 行代码后，编写如下代码。实现单击按钮切换视频的播放和暂停状态，同时完成按钮的图标切换。

```
1   $(".switch").on("click", function() {
2     if ($(this).hasClass("fa-play")) {
3       video.play();                                    // 播放
4       $(this).addClass("fa-pause").removeClass("fa-play");   // 切换图标
5     } else {
6       video.pause();                                   // 暂停
7       $(this).addClass("fa-play").removeClass("fa-pause");   // 切换图标
8     }
9   });
```

上述代码中，click 事件用来在单击播放按钮时触发。第 2 ～ 8 行代码中使用条件语句判断当前的按钮状态，如果能找到 fa-play 类名，则让 DOM 元素去调用 play() 方法完成视频的播放，同时切换图标的类名为 fa-pause，并移除 fa-play 类名。否则执行 else 语句，让 DOM 元素去调用 pause() 方法暂停视频播放，同时切换图标的类名为 fa-play，并移除 fa-pause 类名。

（5）实现进度条显示效果。在第（4）步中的第 9 行代码后，编写如下代码，实现当前

视频播放的进度显示。

```
1  video.ontimeupdate = function() {
2      var w = video.currentTime / video.duration * 100 + "%";
3      $(".line").css("width", w);
4      $(".current").html(formatTime(video.currentTime));
5  };
```

上述代码中，当目前的播放位置发生改变时会触发 ontimeupdate 事件；第 2 行代码用于计算 .line 盒子（进度条）的长度，计算公式如下。

进度条的长度 = 当前播放的时长 / 视频总时长 * 100 + "%"

在第 2 行代码中，video.currentTime 用来返回当前播放的时间，video.duration 用来返回当前视频的长度（单位为秒）；第 3 行代码把计算出来的长度 w 赋值给进度条盒子的 width 值；第 4 行代码用于显示当前的时间，因为 video.currentTime 得到的是秒数，所以需要使用 formatTime() 函数来转换为时分秒的时间。

（6）实现视频全屏显示效果。在第（5）步中的第 5 行代码后，编写如下代码，实现单击按钮切换视频的全屏和取消全屏效果，同时完成全屏和取消全屏按钮的图标切换。

```
1  $(".expand").on("click", function() {
2      if ($(this).hasClass("fa-arrows-alt")) {
3          $(".player").get(0).requestFullscreen();        // 全屏显示
4          $(this).addClass("fa-compress").removeClass("fa-arrows-alt");
5      } else {
6          document.exitFullscreen();                      // 取消全屏显示
7          $(this).addClass("fa-arrows-alt").removeClass("fa-compress");
8      }
9  });
```

上述代码实现了当单击全屏按钮时，触发 click 事件。第 2 ~ 8 行代码中使用条件语句判断当前的按钮状态。如果能找到 fa-arrows-alt 类名，则让 DOM 元素调用 requestFullscreen() 方法完成视频的全屏显示，同时切换图标的类名为 fa-compress，并移除 fa-arrows-alt 类名。否则执行 else 语句，使用 document 元素去调用 exitFullscreen() 方法退出全屏状态，同时切换图标的类名为 fa-arrows-alt，并移除 fa-compress 类名。

（7）实现视频播放完成后的重置操作。在第（6）步中的第 9 行代码后，编写如下代码。

```
1  video.onended = function () {
2      // 当前的视频时长清零
3      video.currentTime = 0;
4      // 同时把播放按钮改为 .fa-play 样式效果
5      $(".switch").addClass("fa-play").removeClass("fa-pause");
6  };
```

上述代码中，当视频播放结束后需要把当前的播放时长清零，同时需要把播放按钮改为播放状态。

（8）实现单击进度条视频跳转效果。在第（7）步中的第 6 行代码后，编写如下代码。

```
1  $(".bar").on("click", function(event) {
2      // 1. 获取单击的位置
3      var offset = event.offsetX;
4      // 2. 根据单击视频的播放位置计算要切换的时间
5      var current = offset / $(this).width() * video.duration;
6      // 3. 把计算后的时间赋值给 currentTime
7      video.currentTime = current;
8  })
```

上述代码中，第 3 行代码用于获取当前单击的视频位置；第 5 行代码用于计算单击的播放位置的当前时间，计算公式如下。

> 当前视频的播放位置 = 单击的位置 / .bar 盒子的长度 * 视频总时长

通过第 7 行代码改变当前的播放位置后，会触发步骤（5）中的 ontimeupdate 事件，并会同步修改 .line 进度条的显示。

3. `<audio>` 标签的使用

HTML5 中提供了 `<audio>` 标签用来定义 Web 上的声音文件或音频流，其使用方法与 `<video>` 标签基本相同，语法如下。

```
<audio src=" 音频文件路径 " controls>
    您的浏览器不支持 audio 标签
</audio>
```

当前 `<audio>` 标签支持以下 3 种格式。

● Vorbis：类似高级音频编码（Advanced Audio Coding，AAC）的另一种免费、开源的音频编码，是用于替代 MP3 的下一代音频压缩技术。

● MP3：一种音频压缩技术，其全称是动态影像专家压缩标准音频层面 3（Moving Picture Experts Group Audio Layer III），简称为 MP3，用于大幅降低音频数据量。

● WAV：录音时用的标准的 Windows 文件格式，文件的扩展名为 WAV，数据本身的格式为 PCM 或压缩型，属于无损音乐格式的一种。

不同浏览器对音频格式的支持情况如表 3-10 所示。

表 3-10　不同浏览器对音频文件的支持情况

音频格式	IE 9	Firefox 4.0	Opera 10.6	Chrome 6.0	Safari 3.0
Vorbis	不支持	支持	支持	支持	不支持
MP3	支持	不支持	不支持	支持	支持
WAV	不支持	支持	支持	不支持	支持

`<audio>` 标签同样支持引入多个音频源，使用 `<source>` 标签来定义，语法如下。

```
<audio controls>
    <source src=" 音频文件地址 " type="audio/ 格式 ">
    <source src=" 音频文件地址 " type="audio/ 格式 ">
</audio>
```

HTML5 DOM 为 audio 和 video 元素提供了类似的方法、属性和事件，它们都需要使用 JavaScript 来操作 audio 和 video 元素。如果使用的是 jQuery 库，则需要进行相应的转换。此外，由于本书篇幅有限，它没有涵盖 audio 和 video 元素的所有方法、事件和属性等内容。建议读者在实际开发中，可以进入 W3C 官方网站进行查找和学习。

3.2　移动端常用事件

前端开发中经常会使用事件来为元素添加交互效果。常见的 PC 端事件有鼠标事件、键盘事件和其他类型事件等。基于移动端设备的特点，针对移动端也有专门的事件，例如 touch 事件等。下面将会为读者讲解移动端常用的一些事件，以及如何利用这些事件实现移动端页面特效。

3.2.1　touch 事件概述

touch 事件是移动端常用事件中最为典型的事件，其含义为"触摸"。touch 事件是一组事件，也是多数触屏操作事件的总称。大部分主流的移动端浏览器支持的 4 种最基本的 touch 触屏事件，如表 3-11 所示。

表 3-11　4 种最基本的 touch 触屏事件

事件	事件描述
touchstart	当手指触摸屏幕时触发
touchmove	当手指在屏幕上移动时触发
touchend	当手指离开屏幕时触发
touchcancel	当系统取消 Touch 事件的时候触发（如来电、弹出信息等）

在使用表 3-11 列举的这些触摸事件时，需要通过 addEventListener() 方法向指定元素添加事件句柄，示例代码如下。

```
1   <style>
2     .box {
3       width: 50px;
4       height: 50px;
5       background-color: red;
6     }
7   </style>
8   <div class="box"></div>
9   <script>
10  window.onload = function() {
11    // 1. 获取 DOM 元素
12    var box = document.querySelector('.box');
13    // 2. 为元素添加事件
14    // 添加开始触摸事件
15    box.addEventListener('touchstart', function() {
16      console.log('touchstart');
17    });
18    // 添加手指滑动事件
19    box.addEventListener('touchmove', function() {
20      console.log('touchmove');
21    });
22    // 添加触摸结束事件
23    box.addEventListener('touchend', function() {
24      console.log('touchend');
25    });
26  };
27  </script>
```

上述代码中，addEventListener() 第 1 个参数表示事件名称，如 touchstart，参数 function 用来指定事件触发时要执行的函数。需要注意的是，touchstart 事件和 touchend 事件只会触发一次，而 touchmove 事件是会持续触发的。

在 PC 端中，当一个事件发生后，与事件相关的一系列信息数据的集合都会放到这个对象中，这个对象称为 event 事件对象。与 PC 端一样，移动端也有自己的事件对象，touch 触摸事件发生后也会产生 TouchEvent 对象，该对象包含了 3 个用于跟踪触摸的属性，用于返回不同的触摸点集合，如表 3-12 所示。

表 3-12　TouchEvent 对象的重要属性

属性	属性描述
touches	表示当前屏幕上所有触摸点的列表
targetTouches	表示当前对象上所有触摸点的列表
changedTouches	返回在上一次触摸和此触摸之间状态发生变化的所有触摸对象的列表

需要注意的是，touches 和 targetTouches 只存储接触屏幕的触点，如果想要获取触点最后离开的状态就要使用 changedTouches。另外，touches 和 targetTouches 在 Chrome 浏览器测试和真机测试中是没有区别的，推荐使用 targetTouches。

上述触摸点集合中每个 touch 对象代表一个触点，它包含一些用于获取触摸信息的常用属性，如位置、大小、形状、压力大小和目标 element 属性等，如表 3-13 所示。

表 3-13　touch 对象包含的属性

属性	属性描述
clientX	触摸目标在视口中的 x 坐标
clientY	触摸目标在视口中的 y 坐标
identifier	标识触摸的唯一 ID
pageX	触摸目标在页面中的 x 坐标
pageY	触摸目标在页面中的 y 坐标
screenX	触摸目标在屏幕中的 x 坐标
screenY	触摸目标在屏幕中的 y 坐标
target	触摸的 DOM 节点目标

▌▌多学一招：Touch 事件获取坐标

在 JavaScript 中，touchstart 事件和 touchmove 事件使用 targetTouches 或 touches 属性获取坐标，如 e.targetTouches[0].clientX 或 e.touches[0].clientX；touchend 事件使用 changedTouches 属性获取坐标，这是因为当手指松开时，此时当前元素上已经不存在手指对象了，所以无法通过targetTouches 来获取，因此需要使用 changedTouches 属性获取坐标，如 e.changedTouches[0].clientX。

3.2.2　touch 事件实现轮播图效果

下面将演示如何利用 touchstart、touchmove 和 touchend 事件来实现移动端轮播图效果。其开发思路：首先记录手指的起始位置（坐标值）；然后记录手指在移动过程中的位置，计算出相对于起始位置的偏差值，使用 left 样式实现图片的偏移；最后在松开手指时去判断当前滑动的距离，如果大于指定的范围值就进入下一页，否则执行回弹，停留在当前页。具体实现步骤如例 3-13 所示。

【例 3-13】

（1）创建 C:\web\chapter03\demo13.html 文件，具体代码如下。

```
1   <head>
2   <meta name="viewport" content="width=device-width,user-scalable=no,initial-scale=1">
3   </head>
4   <div class="banner">
5     <ul class="bannerImg clearfix">
6       <li>
7         <a href="javascript:;">
8           <img src="./banner/1.jpg" alt="">
9         </a>
10      </li>
11      ...（此处省略多个 li）
12    </ul>
13  </div>
```

　　上述代码中，在 <li> 标签中添加了多个用于轮播的图片，用到的图片素材可从本书配套源码中获取。

　　（2）编写 CSS 样式，具体代码如下。

```
1   .banner {
2     width: 100%;
3     overflow: hidden;
4     position: relative;
5   }
6   .bannerImg {
7     width: 1000%;
8     position: relative;
9   }
10  .bannerImg > li {
11    width:10%;
12    float: left;
13  }
14  .bannerImg > li img {
15    display: block;
16    width: 100%;
17  }
```

　　上述代码中，第 8 行代码设置 bannerImg 的定位为相对定位。此处不能使用绝对定位（absolute），若使用绝对定位父容器将无法获取由子元素撑开的高度。

　　（3）保存上述代码，在浏览器中查看运行效果，如图 3-38 所示。

图 3-38　在 iPhone 6/7/8 设备的效果

　　（4）编写 JavaScript 代码，动态设置页面结构，示例代码如下。

```
1   <script>
2     var banner = document.querySelector('.banner');
3     var imgBox = banner.querySelector('.bannerImg');
4     var lis = imgBox.querySelectorAll('li');
5     var count = lis.length;
6     var bannerWidth = banner.offsetWidth;
7     imgBox.style.width = count * bannerWidth + 'px';
8     for (var i = 0; i < lis.length; i++) {
```

```
9        lis[i].style.width = bannerWidth + 'px';
10   }
11 </script>
```

上述代码中，第 2 行代码用于获取轮播图结构；第 3 行代码用于获取图片容器；第 4 行代码用于获取 li 元素数组；第 5 行代码用于获取 li 元素的数量；第 6 行代码用于获取轮播图结构的宽度；第 7 行代码用于设置图片盒子的宽度；第 8 ～ 10 行代码用于设置每一个图片 li 元素的宽度。

（5）为图片添加触摸开始事件，在第（4）步第 10 行代码后编写以下代码。

```
1  var index = 1;
2  imgBox.style.left = -bannerWidth + 'px';
3  var startX, moveX, distanceX;
4  imgBox.addEventListener('touchstart', function(e) {
5    startX = e.targetTouches[0].clientX;
6  });
```

上述代码中，第 1 行代码定义图片索引 index 变量；第 2 行代码设置默认图片的偏移，默认应该显示索引 1 的图片；第 3 行代码定义全局变量，其中 startX 记录当前手指的起始位置，moveX 记录手指在滑动过程中的位置，distanceX 用于计算相对于起始位置的偏移值，会通过 left 样式实现图片的偏移；第 4 ～ 6 行代码添加 touchstart 触摸开始事件，并记录当前手指的起始位置 startX。

（6）为图片添加触摸滑动事件，在第（5）步第 6 行代码后编写以下代码。

```
1  imgBox.addEventListener('touchmove', function(e) {
2    moveX = e.targetTouches[0].clientX;
3    distanceX = moveX - startX;
4    imgBox.style.transition = 'none';
5    imgBox.style.left = (-index * bannerWidth + distanceX) + 'px';
6  });
```

上述代码中，第 1 行代码添加 touchmove 触摸滑动事件；第 2 行代码记录手指在滑动过程中的位置 moveX；第 3 行代码计算出坐标之间的差异值 distanceX；第 4 行代码取消图片容器过渡效果；第 5 行代码实现元素的偏移 left 值，需要注意的是，本次的滑动效果应该基于之前的轮播图已经偏移的距离，不要忘记加单位 px。

（7）为图片添加触摸结束事件，在第（6）步第 6 行代码后编写以下代码。

```
1  imgBox.addEventListener('touchend', function(e) {
2    if (Math.abs(distanceX) > 80) {
3      if (distanceX > 0) {      // 上一张
4        index--;
5      } else {                  // 下一张
6        index++;
7      }
8      imgBox.style.transition = 'left 0.5s ease-in-out';
9      imgBox.style.left = (-index * bannerWidth) + 'px';
10   } else if (Math.abs(distanceX) > 0) {
11     imgBox.style.transition = 'left 0.5s ease-in-out';
12     imgBox.style.left = -index * bannerWidth + 'px';
13   }
14 });
```

上述代码中，第 1 行代码添加 touchend 触摸结束事件；第 2 行代码获取当前滑动的距离 distanceX，考虑到该值可能为正或者为负，所以通过绝对值来判断距离是否超出指定的范围 80，单位为 px(可以根据实际需求进行修改)，如果超过指定值那么再去判断是执行下一张还是上一张操作，否则执行第 11、12 行代码，在保证用户触发滑动操作的前提下执行回弹效果。

（8）保存上述代码，在浏览器中滑动轮播图时，会出现滑动到最后一张图片时出现空白区域的问题，如图 3-39 所示。

图 3-39　有空白区域

（9）为了解决空白区域的问题，在第（7）步第 14 行代码后编写以下代码。

```
1  imgBox.addEventListener('webkitTransitionEnd', function() {
2    if (index == count - 1) {
3      index = 1;
4    } else if (index == 0) {
5      index = count - 2;
6    }
7    imgBox.style.transition = 'none';                        // 清除过渡
8    imgBox.style.left = -index * bannerWidth + 'px';         // 设置偏移
9  });
```

上述代码中，第 1 行代码添加了 webkitTransitionEnd 事件，该事件用于监听当前元素的过渡效果执行完毕，也就是说在一个元素的过渡效果执行完毕的时候会触发；第 2～6 行代码进行判断，如果滑动到最后一张 (count-1)，那么就回到索引 1，如果滑动到了第一张 (0)，那么就回到索引 count-2。

（10）保存上述代码，经测试空白区域的问题已经解决，但是又发现一个新问题，图片在滑动的时候不能全部展示出来，首尾两张图片不显示，应怎么解决该问题呢？在这里可以采取给首尾位置添加图片的方式，在开始位置添加原始的最后一张图片，在最后位置添加原始的第一张图片即可。

（11）为了解决上述问题，在第（4）步第 3 行代码后编写以下代码。

```
1  var first = imgBox.querySelector('li:first-of-type');
2  var last = imgBox.querySelector('li:last-of-type');
3  imgBox.appendChild(first.cloneNode(true));
4  imgBox.insertBefore(last.cloneNode(true), imgBox.firstChild)
```

上述代码中，第 1、3 行代码获取图片列表中的第一张图片，并添加到列表结束位置；第 2、4 行代码获取图片列表中的最后一张图片，并插入到列表开始位置。

（12）保存上述代码，在浏览器中就可以实现手动轮播的效果。

3.2.3　模拟移动端单击事件

在移动端使用 click 事件时，会有一个大约 300ms 的延迟（正常现象），因为移动设备需要去判断用户是想要进行单击操作还是双击操作，所以在用户第一次单击屏幕时，浏览器无法立刻判断用户的操作，因此浏览器会等待 300ms。如果在 300ms 内再次单击了，浏览器就会认为是一个双击操作，否则就会认为是一个单击操作。

随着移动端网页的流行与普及，用户对网页性能有了更高的要求，而在移动端使用 click 会出现延迟，这会影响用户的体验。原生的 touch 事件本身是没有 tap 单击事件的，根据移动端操作优先的原则，为了提高移动端单击事件的响应速度，一般使用 touch 事件来模拟移动端 tap 单击事件。

下面讲解如何利用 touchstart 事件和 touchend 事件处理移动端单击事件，该单击事件必须满足以下要求。

- 单击事件只有一个手指去触发屏幕。
- 触发屏幕的时间差异必须小于某一个值，并且不能有长距离的活动。
- 确保没有滑动操作，如果有抖动必须保证抖动的距离在指定范围内。

具体实现步骤如例 3-14 所示。

【例 3-14】

（1）创建 C:\web\chapter03\demo14.html 文件，具体代码如下。

```
1  <head>
2    <meta name="viewport" content="width=device-width,user-scalable=no,initial-scale=1">
3    <style>
4      div {
5        width: 100px;
6        height: 100px;
7        background-color: red;
8        border-radius: 50px 50px;
9      }
10   </style>
11 </head>
12 <body>
13   <div></div>
14 </body>
```

保存上述代码，此时在页面中会显示一个红色的圆形盒子。

（2）编写 JavaScript 代码，为元素添加触摸开始事件，具体代码如下。

```
1  <script>
2    var div = document.querySelector('div');
3    var startTime, startX, startY;
4    div.addEventListener('touchstart', function(e) {
5      if (e.targetTouches.length > 1) {
6        return;
7      }
8      startTime = Date.now();
9      startX = e.targetTouches[0].clientX;
10     startY = e.targetTouches[0].clientY;
11     // 在这里可以进行一些与事件相关的初始化操作
12   });
13 </script>
```

上述代码中，第 2 行代码获取 div 元素；第 3 行代码定义全局变量，startTime 记录手指开始触摸的时间，startX 和 startY 记录当前手指的坐标（X，Y）。第 4 ～ 12 行代码为 div 元素添加 touchstart 事件，其中第 5 ～ 7 行代码判断当前屏幕上有几个手指，如果有多个手指则退出程序；在第 8 行代码记录手指开始触摸的时间；第 9 ～ 10 行代码记录当前手指的坐标。

（3）为元素添加触摸结束事件，在第（2）步第 12 行代码后面编写以下代码。

```
1  div.addEventListener('touchend', function(e) {
2    if (e.changedTouches.length > 1) {
3      return;
4    }
5    // 判断时间差异
6    console.log(Date.now() - startTime);
7    if (Date.now() - startTime > 100) { // 判断是否为长按操作，如果是则退出程序
8      return;
9    }
10   var endX = e.changedTouches[0].clientX;
11   var endY = e.changedTouches[0].clientY;
12   if (Math.abs(endX - startX) < 5 && Math.abs(endY - startY) < 5) {
13     console.log(' 此操作为单击 ');
14     // 执行事件响应后的操作
15   }
16 });
```

上述代码中，第 7 ～ 9 行代码判断当前系统时间与手指开始触摸屏幕的时间差异，这里假设差异值不能超过 100ms，如果大于这个差异值，那么退出程序；第 12 ～ 15 行代码判断松开手指时的坐标与触摸开始时的坐标的距离差异，假设坐标差值不能超过特定值 5，单位为 px，小于这个差异值就可以得出是单击操作。

3.3 移动端常用插件

在 3.2 节中，使用移动端内置的 touch 事件模拟了单击效果和轮播图切换效果。在本节中将会使用移动端第三方插件库，用简洁的代码实现移动端特效。

3.3.1 Fastclick 插件的使用

Fastclick 插件是由 FT Labs 开发的 JavaScript 库，它简单易用，上手比较快，解决了 click 事件在移动端触发时有大约 300ms 延时的问题，使操作更加灵敏。

1. 引入方式

通过官网下载 fastclick.js 至本地，然后在 HTML 网页中使用 <script> 标签引入 fastclick.js 文件即可，引入方式如下。

```
<script src="fastclick.js"></script>
```

2. 初始化

通过 JavaScript 方式对 Fastclick 进行实例化，示例代码如下。

```
if ('addEventListener' in document) {
  document.addEventListener('DOMContentLoaded', function() {
      FastClick.attach(document.body);
  }, false);
}
```

上述代码中，FastClick.attach() 方法的参数可以是任意的 DOM 元素，在这里使用 document.body 表示会将 document.body 下面的所有元素都绑定为 Fastclick。

此外，还可通过 jQuery 方式对 Fastclick 进行实例化，示例代码如下。

```
$(function() {
  FastClick.attach(document.body);
});
```

在 PC 端浏览器中使用 Fastclick 时，应在开发者工具中开启模拟移动端屏幕功能，并选择一款手机型号（如 iPhone 6/7/8），然后刷新网页，Fastclick 才会生效。

3.3.2　利用 Fastclick 处理点透事件

点透事件即点击穿透事件，其发生的原因是，当用户在点击屏幕的时候，系统会触发 touch 事件和 click 事件。因为 touch 事件是移动端事件，所以会优先处理，即立刻去响应，而 touch 事件经过一系列流程处理完成后，才会去触发 click 事件。

在实际开发中，会遇到在项目中混合使用 touch 事件和 click 事件的情况。一个页面中有两个元素叠加在一起，给一个元素添加 click 事件，另一个元素添加 touchstart 事件，此时单击绑定 touchstart 事件的元素，并让其隐藏起来，那么就会触发绑定 click 单击事件的元素，这种行为就称为点击穿透事件。

为了让大家掌握如何利用 Fastclick 处理点透事件，下面通过例 3-15 进行演示。

【例 3-15】

（1）创建 C:\web\chapter03\demo15.html 文件，具体代码如下。

```
1  <div class="box">
2    <div class="click">click</div>
3    <div class="tap">tap</div>
4  </div>
```

上述代码中，定义两个 div 元素，类名分别设置为 click 和 tap。

（2）编写 CSS 样式代码，示例代码如下。

```
1   <style>
2     body {
3       padding: 0;
4       margin: 0;
5       background-color: #F7F7F7;
6     }
7     .box {
8       width: 320px;
9       height: 320px;
10      margin: 100px auto;
11      position: relative;
12    }
13    .tap {
14      width: 200px;
15      height: 200px;
16      text-align: center;
17      line-height: 200px;
18      font-size: 30px;
19      margin: -100px 0 0 -100px;
20      background-color: red;
21      position: absolute;
22      left: 50%;
23      top: 50%;
24    }
25    .click {
26      width: 300px;
27      height: 300px;
28      text-align: center;
29      line-height: 300px;
```

```
30        font-size: 30px;
31        margin: -150px 0 0 -150px;
32        background-color: pink;
33        position: absolute;
34        left: 50%;
35        top: 50%;
36    }
37  </style>
```

上述代码中，类名为 tap 的 div 样式被设置为红色背景，类名为 click 的 div 样式被设置为粉色背景。这两个盒子通过定位的方式重叠在一起，上层为 tap，底层为 click。

（3）编写 JavaScript 代码，实现单击添加 touchstart 事件的元素时，让其隐藏起来。

```
1   <script>
2     var tap = document.querySelector('.tap');
3     var click = document.querySelector('.click');
4     tap.addEventListener('touchstart', function() {
5       tap.style.visibility = 'hidden';
6     });
7     click.onclick = function() {
8       console.log('我是click事件');
9     };
10  </script>
```

上述代码中，第 2 行代码获取 tap 元素；第 3 行代码获取 click 元素；第 4～6 行代码为 tap 元素添加 touchstart 事件并让其隐藏；第 7～9 行代码为 click 元素添加 onclick 单击事件，并让其在控制台打印"我是 click 事件"。

（4）保存代码，在浏览器中进行测试。单击 tap 元素，效果如图 3-40 所示。

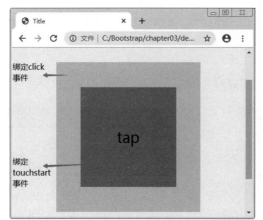

图 3-40　点透事件

在图 3-40 中，单击左图中的 tap 元素，会得到右图的效果，显示当前单击的 tap 元素已经隐藏，并且在控制台中输出了 click 元素的内容，说明不仅触发了 tap 元素事件，也触发了 click 元素事件。

（5）可使用 Fastclick 插件来解决以上步骤中演示的点透事件。首先在页面中引入 Fastclick 插件，如下所示。

```
<script src="fastclick.js"></script>
```

Fastclick 的思路是利用 touch 来模拟 tap(触碰)。如果认为是一个有效的触碰就在检测到 touchend 事件的时候，立即触发并模拟一个 click 事件，并阻止浏览器在约 300ms 之后发生的自身的 click 事件，这样就不会存在点透事件的问题。

（6）在第（3）步第 9 行代码后编写以下代码。

```
1    if ('addEventListener' in document) {
2      document.addEventListener('DOMContentLoaded', function() {
3        FastClick.attach(document.body);
4      }, false);
5    }
```

（7）保存代码，在浏览器中进行测试，效果如图 3-41 所示。

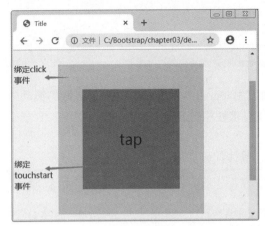
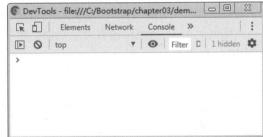

图 3-41　解决点透事件

在图 3-41 中，单击左图中的 tap 元素，会得到右图的效果，显示当前单击的 tap 元素已经隐藏并且控制台无输出，说明只触发了 tap 元素事件；单击 click 元素，此时在控制台打印出 "我是 click 事件"，说明只触发了 click 元素事件，这时已经解决了事件的点透问题。

3.3.3　iScroll 插件的使用

iScroll.js 是一个可以实现客户端原生滚动效果的类库，具有高性能、资源占用小、无依赖和多平台的特性。它自带的滚动功能十分强大，节省了项目开发的时间。

1. 引入方式

通过网站下载 iScroll.js 至本地，然后在 HTML 网页中使用 <script> 标签引入 iScroll.js 文件即可，引入方式如下。

```
<script src="iscroll.js"></script>
```

当 iScroll.js 下载完成后，会在本地创建一个 iscroll-master 文件，打开该文件找到 bulid 目录，在目录中提供了不同版本的 iScroll 库，读者可以根据实际情况去选择使用。

2. 初始化

创建 HTML 结构，示例代码如下。

```
<div id="wrapper">
  <ul>
    <li>...</li>
    <li>...</li>
    ...
  </ul>
</div>
```

上述结构中，div 元素为父容器，需要给父容器设置固定的宽度和高度，并且子元素 ul 的高度或者宽度必须大于父元素，这样才能进行垂直滚动或者水平滚动。需要注意的是，只有容器元素的第一个子元素能进行滚动，其他子元素完全被忽略。

下面进行脚本的初始化，示例代码如下。

```
<script>
  var myScroll = new IScroll('#wrapper');
</script>
```

上述代码中，使用 new 调用一个构造函数，用来创建对象。IScroll（首字母大写）是插件提供的构造方法，它的第一个参数可以是滚动容器元素 DOM 选择器字符串，也可以是滚动容器元素的引用对象，示例代码如下。

```
<script>
  var wrapper = document.getElementById('wrapper');
  var myScroll = new IScroll(wrapper);
</script>
```

3. iScroll 的基本使用

通过前面对 iScroll.js 插件内容的学习，下面使用 iScroll.js 插件来实现局部区域的滚动效果，具体如例 3-16 所示。读者可以根据实际开发需求使用更多的 iScroll 功能。

【例 3-16】

（1）创建 C:\web\chapter03\demo16.html 文件，具体代码如下。

```
1  <div class="wrapper" id="wrapper">
2    <div>
3      <p> 南湖早春 </p>
4      <p> 风回云断雨初晴，返照湖边暖复明。</p>
5      <p> 乱点碎红山杏发，平铺新绿水苹生。</p>
6      <p> 翅低白雁飞仍重，舌涩黄鹂语未成。</p>
7      <p> 不道江南春不好，年年衰病减心情。</p>
8      ...（此处省略多个 p）
9    </div>
10 </div>
```

上述代码中，定义了 id 为 wrapper 的最外层父容器，容器中子元素使用 div 结构进行布局。

（2）编写 CSS 样式代码，具体代码如下。

```
1  .wrapper {
2    width: 375px;
3    height: 400px;
4    border: 1px solid #ccc;
5    overflow: hidden;
6  }
7  div p {
8    text-align: center;
9  }
```

上述代码中，给最外层父容器设置了固定的宽度和高度。

（3）编写 JavaScript 代码进行初始化，示例代码如下。

```
1  <script src="iscroll.js"></script>
2  <script>
3    var myScroll = new IScroll('#wrapper',{
4      mouseWheel: true,
5      scrollbars: true
6    });
7  </script>
```

上述代码中，通过构造函数的第 2 个参数配置开启鼠标滚轮支持和滚动条支持。其中，scrollbars 用来添加滚动条，这是屏幕（浏览器）的滚动条，那么如何设置滚动条显示在当前元素的右侧呢？需要在第（2）步的第 5 行代码后面，添加定位，示例代码如下。

```
position: relative;
```

需要说明的是，如果在初始化时开启了滚动条，那么在页面中会自动添加一个滚动条的

div 元素，该元素是使用绝对定位的方式布局在页面中的，它会参照父元素去定位。如果父元素没有设置定位，那么会逐层向上查找，直到查找到浏览器，所以它是位于屏幕的右侧的。而在这里为当前元素设置定位后，滚动条会显示在当前元素的右侧。

（4）保存上述代码，在浏览器中查看运行效果，如图 3-42 所示。

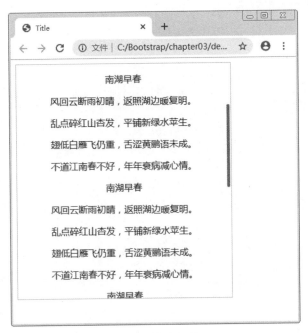

图 3-42　局部滚动效果

3.3.4　Swipe 插件的使用

Swipe 是一个轻量级的触摸滑动插件，它能够实现图片的无缝轮播，可以控制图片的自动轮播和轮播间隔，支持响应式页面。下面讲解 Swipe 插件的使用方法。

1. 引入方式

将 swipe.js 文件通过官方网站下载至本地，然后在 HTML 网页中使用 <script> 标签引入 swipe.js 文件即可，引入方式如下。

```
<script src="swipe.js"></script>
```

2. 初始化

编写 HTML 基础结构和样式，示例代码如下。

```
<style>
  .swipe {overflow: hidden; visibility: hidden; position: relative;}
  .swipe-wrap {overflow: hidden; position: relative;}
  .swipe-wrap > div { float: left; width: 100%; position: relative;}
  .swipe-wrap > div img {width: 100%;}
</style>
<div id="silder" class="swipe">
  <div class="swipe-wrap">
    <div class="wrap"><img src="img/01.jpg" alt=""></div>
    <div class="wrap"><img src="img/02.jpg" alt=""></div>
    ...(此处省略多个 div)
  </div>
</div>
```

上述代码完成了轮播图结构和样式的基本设置。

下面进行脚本的初始化，示例代码如下。

```
<script>
  window.mySwipe = Swipe(document.getElementById('slider'));
</script>
```

3. Swipe 实现图片的轮播

通过前面对 swipe.js 插件内容的学习，下面使用 swipe.js 插件实现轮播图效果。具体实现步骤如例 3-17 所示。

【例 3-17】

（1）创建 C:\web\chapter03\demo17.html 文件，具体代码如下。

```
1   <!DOCTYPE html>
2   <html>
3   <head>
4     <meta name="viewport" content="width=device-width,user-scalable=no,initial-scale=1">
5   </head>
6   <body>
7     <div class="banner">
8       <ul class="bannerImg clearfix">
9         <li>
10          <a href="javascript:;">
11            <img src="./banner/1.jpg" alt="">
12          </a>
13        </li>
14        ...（此处省略多个 li）
15      </ul>
16    </div>
17    <input type="button" value=" 上一张 " id="prev">
18    <input type="button" value=" 下一张 " id="next">
19  </body>
20  </html>
```

上述代码中，在 <li> 标签中添加了多个用于轮播的图片，相关图片素材可以从本书配套源码中获取。

（2）编写 CSS 样式，示例代码如下。

```
1   * {
2     margin: 0;
3     padding: 0;
4   }
5   .banner {
6     width: 100%;
7     overflow: hidden;
8     /* 默认不可见 */
9     visibility: hidden;
10    position: relative;
11  }
12  .bannerImg {
13    overflow: hidden;
14    position: relative;
15  }
16  .bannerImg > li {
17    float: left;
18    width: 100%;
19    position: relative;
20  }
21  .bannerImg > li img{
```

```
22    width: 100%;
23    display: block;
24  }
```

（3）编写 JavaScript 代码，实现轮播图切换效果，具体代码如下。

```
1   <script src="swipe.js"></script>
2   <script>
3   window.mySwipe = Swipe(document.querySelector('.banner'), {
4     auto: 2000
5   });
6   document.getElementById('prev').onclick = function() {
7     window.mySwipe.prev();
8   };
9   document.getElementById('next').onclick = function() {
10    window.mySwipe.next();
11  };
12  </script>
```

上述代码中，prev 表示切换轮播图的上一页，next 表示切换轮播图的下一页。

（4）保存上述代码，在浏览器中查看轮播图切换效果，如图 3-43 所示。

图 3-43　Swipe 实现轮播图切换效果

3.3.5　Swiper 插件的使用

Swiper 是一个强大的触摸滑动插件，主要面向手机和平板电脑等移动端设备，它能够实现触屏轮播图、触屏 Tab 切换和触屏多图切换等常用效果，还可以制作 3D 切换效果和动画效果。它具有开源、免费、稳定和功能强大的特点，备受开发者的青睐。下面讲解 Swiper 插件的基本使用。

1. 引入方式

通过官网下载 swiper.js 文件至本地，然后在 HTML 网页中使用 <script> 标签引入 swiper.min.js 文件，并使用 <link> 标签引入 swiper.min.css 样式即可，引入方式如下。

```
<link rel="stylesheet" href="swiper.min.css">
<script src="swiper.min.js"></script>
```

2. 初始化

编写 HTML 基础结构和样式，示例代码如下。

```
<div class="swiper-container">
  <ul class="swiper-wrapper">
  <li class="swiper-slide">
```

```
      <a href="javascript:;">
        <img src="./img/1.jpg" alt="">
      </a>
      </li>
    ...（此处省略多个 li）
  </ul>
</div>
```

　　上述代码中，类名不能修改，因为这是基于 swiper.min.css 文件中定义好的类名。

　　下面进行脚本的初始化，示例代码如下。

```
<script>
  var mySwiper = new Swiper('.swiper-container')
</script>
```

3. Swiper 实现图片的轮播

　　通过前面对 swiper.js 插件内容的学习，下面使用 swiper.js 插件来实现轮播图效果。具体实现步骤如例 3-18 所示。

【例 3-18】

（1）创建 C:\web\chapter03\demo18.html 文件，具体代码如下。

```
1   <!DOCTYPE html>
2   <html>
3   <head>
4     <meta name="viewport" content="width=device-width,user-scalable=no,initial-scale=1">
5   <link rel="stylesheet" href="swiper.min.css">
6   </head>
7   <body>
8     <div class="swiper-container">
9       <ul class="swiper-wrapper">
10        <li class="swiper-slide">
11          <a href="javascript:;">
12            <img src="./banner/1.jpg" alt="">
13          </a>
14        </li>
15        ...（此处省略多个 li）
16      </ul>
17    </div>
18  </body>
19  </html>
```

　　上述代码中，在 <li> 标签中添加了多个用于轮播的图片，相关图片素材可以从本书配套资源中获取。

　　（2）编写 CSS 样式，具体代码如下。

```
1   * {
2     margin: 0;
3     padding: 0;
4   }
5   ul,
6   li {
7     list-style: none;
8   }
9   .swiper-container {
10    width: 300px;
11    height: 150px;
12  }
13  .swiper-slide img {
14    width: 100%;
15    display: block;
16  }
```

（3）编写 JavaScript 代码，实现轮播图切换效果，示例代码如下。

```
1  <script src="swiper.min.js"></script>
2  <script>
3    var mySwiper = new Swiper('.swiper-container', {
4      autoplay: {delay: 2000},
5      effect : 'cube',
6      cubeEffect: {
7        slideShadows: true,    // 开启 slide 阴影
8        shadow: true,          // 开启投影
9        shadowOffset: 100,     // 投影距离，默认是 20px
10       shadowScale: 0.6       // 投影默认缩放比例，默认是 0.94
11     }
12   });
13 </script>
```

上述代码中，第 5 行代码设置组件切换效果为方块，默认是 slide。

由于篇幅有限，这里仅展示了个别效果的使用。读者在掌握基础的用法后，可以根据自己的需求通过参考 Swiper 官方文档实现想要的效果。

（4）保存上述代码，在浏览器中查看轮播图切换效果，如图 3-44 所示。

图 3-44　Swiper 实现轮播图切换效果

本章小结

本章首先介绍了 HTML5 新增的常用 API 功能的实现，包括文件读取、地理定位、拖曳、Web 存储、播放视频和音频等操作；然后讲解了移动端常用事件相关内容，如 touch 事件等；最后对移动端常用插件的基本用法进行了讲解，并结合案例讲解了插件的简单应用。

课后练习

一、填空题

1. HTML5 为 window.navigator.onLine 接口提供了＿＿＿＿事件，在用户网络连接时调用。

2. HTML5 提供了＿＿＿＿＿＿方法用于关闭全屏显示。

3. 当手指在屏幕上移动时触发＿＿＿＿＿＿事件。

4. touch 触摸事件发生后会产生的事件对象是＿＿＿＿＿＿。

5. 在拖曳操作中，图片和＿＿＿＿＿＿默认是可以拖曳的，它不需要添加 draggable 属性。

二、判断题

1. Fastclick 插件是由 FT Labs 开发的 JavaScript 库。　　　　　　　　（　　）

2. Swipe.js 是一个轻量级的触摸滑动插件。　　　　　　　　　　　　（　　）

3. localStorage 是永久性存储。　　　　　　　　　　　　　　　　　（　　）

4. 在使用 iScroll.js 插件时，容器元素的子元素都可以进行滚动。　　（　　）

5. Fastclick 插件不能解决 click 事件在移动端触发时有大约 300ms 延时的问题。（　　）

三、选择题

1. 下列选项中，说法错误的是（　　　　）。

  A. window. sessionStorage 对象用于区域存储

  B. window. localStorage 对象用于本地存储

  C. Web Storage 接口提供的 clear(key) 方法，用于删除键名为 key 的存储内容

  D. 使用 sessionStorage 存储的数据，当浏览器关闭后，内存将被自动清除

2. 下列关于 HTML5 中多媒体 API 的说法正确的是（　　　　）。

  A. 使用 <audio> 标签来定义视频播放器

  B. 使用 <video> 标签来定义音频播放器

  C. <video> 标签的 controls 属性用于为视频提供播放控件

  D. <audio> 标签支持 Ogg 音频格式。

3. 下列选项中，说法错误的是（　　　　）。

  A. touch 事件是一组事件，也是多数触屏操作事件的总称

  B. 当手指触摸屏幕时触发 touchstart 事件

  C. touchend 事件使用 targetTouches 属性获取坐标

  D. 当手指离开屏幕时触发 touchend 事件

四、简答题

1. 简述 sessionStorage 和 localStorage 存储方式的区别。

2. 简述常用的 touch 触屏事件及其作用（至少 4 个）。

第4章

移动端页面布局

学习目标

拓展阅读

★ 了解什么是流式布局

★ 掌握弹性盒布局以及其使用方式

★ 掌握媒体查询的使用方法

★ 掌握移动端设备 Rem 适配布局的实现方式

★ 掌握 Sass 和 Less 的使用方法

★ 掌握 Bootstrap 的下载和安装以及使用方法

在移动 Web 开发中，可以通过流式布局、弹性盒布局和 Rem 适配布局来制作移动端页面。此外，还可以将上述三大布局与媒体查询结合起来创建响应式页面，实现一个页面同时兼容 PC 端和移动端。为了提高 CSS 样式代码的编写效率，可以使用 Sass 或 Less 编写复用性更优的 CSS 代码。读者掌握了这些技术后，就能够编写响应式页面了，但是为了提高开发效率，在开发中还会引入 Bootstrap 框架，利用它来快速构建响应式页面。本章将会对移动端页面布局的内容进行详细讲解。

4.1 移动端页面常用布局

移动端页面的常用布局方法包括流式布局、弹性盒布局和 Rem 适配布局。下面针对这三大布局进行简要介绍。

1. 流式布局

流式布局也称为百分比自适应布局，它是一种等比例缩放的布局方式。在 CSS 代码中需要使用百分比来设置盒子的宽度和高度，例如，把盒子的宽度设置成百分比，网页就会根据浏览器的宽度和屏幕的大小来自动调整显示效果。流式布局方式是移动 Web 开发中比较常见的布局方式。

2. 弹性盒布局

弹性盒布局是 CSS3 中的一种新布局模式，可以轻松地创建响应式网站布局。弹性盒布局为盒子模型增加了灵活性，可以让人们告别浮动（float），完美地实现垂直居中。该布局模式目前得到几乎所有主流浏览器的支持。

3. Rem 适配布局

Rem 适配布局一般采取 Less+Rem+ 媒体查询来实现响应式布局设计，使用媒体查询可以根据不同的设备按比例设置页面的字体大小，然后在页面中使用 rem 单位，可以通过修改 HTML 里面的文字大小来改变页面中元素的大小，从而进行整体控制。

> **小提示：**
>
> 上述几种布局方式并不是独立存在的，在实际开发过程中往往相互结合使用，多种方式融合在一起实现移动端的屏幕适配的方法，称之为混合布局，目前很多公司都采取这种布局方式。

4.2　流式布局

在 PC 端进行网页制作时，经常使用固定像素的网页布局，但这种布局方式对小屏幕的设备并不友好。为了适应小屏幕的设备，在移动设备和跨平台（响应式）网页开发过程中，多数使用流式布局。

流式布局是一种等比例缩放布局方式，在 CSS 代码中使用百分比来设置宽度，所以也称百分比自适应布局。流式布局实现方法是，将 CSS 固定像素宽度换算为百分比宽度，其换算公式如下。

> 目标元素宽度 / 父盒子宽度 = 百分比宽度

下面通过案例演示流式布局的使用，同时对比固定宽度的布局与流式布局的区别，具体实现步骤如例 4-1 所示。

【例 4-1】

（1）创建 C:\web\chapter04\demo01.html 文件，具体代码如下。

```
1   <!DOCTYPE html>
2   <html>
3   <head>
4     <meta charset="utf-8">
5     <title>固定布局转换为百分比布局</title>
6   </head>
7   <body>
8     <header>header</header>
9     <nav>nav</nav>
10    <section>
11      <aside>aside</aside>
12      <article>article</article>
13      </section>
14    <footer>footer</footer>
15  </body>
16  </html>
```

（2）为了对比固定宽度的布局与流式布局的区别，下面先使用固定宽度的布局方式来编写页面样式，具体代码如下。

```
1   <style>
2     body > * {
3       width: 980px; height: auto; margin: 0 auto; margin-top: 10px;
```

```
 4      border: 1px solid #000; padding: 5px;
 5    }
 6    header { height: 50px; }
 7    section { height: 300px; }
 8    footer { height: 30px; }
 9    section > * { height: 100%; border: 1px solid #000; float: left; }
10    aside { width: 250px; }
11    article { width: 700px; margin-left: 10px; }
12  </style>
```

（3）在浏览器中访问 demo01.html，页面效果如图 4-1 所示。

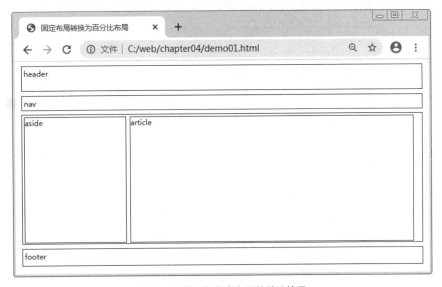

图 4-1　按固定宽度布局的默认效果

（4）读者可以尝试改变浏览器窗口的大小，会发现页面元素的大小不会随浏览器窗口改变，浏览器会出现滚动条，如图 4-2 所示。

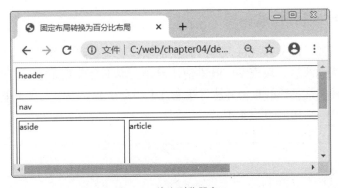

图 4-2　缩小浏览器窗口

（5）修改样式代码，将所有固定的宽度修改为百分比的形式，具体如下。

```
 1  <style>
 2    body > * {
 3      width: 95%; height: auto; margin: 0 auto; margin-top: 10px;
 4      border: 1px solid #000; padding: 5px;
 5    }
 6    header { height: 50px; }
 7    section { height: 300px; }
```

```
8      footer { height: 30px; }
9      section > * { height: 100%; border: 1px solid #000; float: left; }
10     aside { width: 25%; }
11     article { width: 70%; margin-left: 1%; }
12   </style>
```

（6）刷新页面，然后将浏览器窗口宽度缩小，会发现页面宽度也按百分比的形式缩小，页面效果如图 4-3 所示。

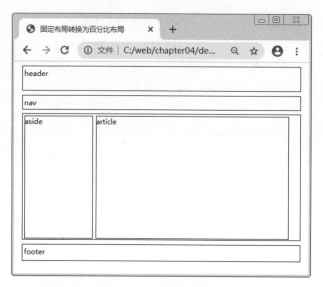

图 4-3　按百分比布局的效果

4.3　弹性盒布局

4.3.1　什么是弹性盒布局

使用弹性盒布局（Flexible Box）可以轻松地创建响应式网页布局，为盒状（块）模型增加了灵活性。弹性盒改进了块模型，既不使用浮动，也不会合并弹性盒容器与其内容之间的外边距。它是一种非常灵活的布局方法，就像几个小盒子放在一个大盒子里一样，相对独立，容易设置。弹性盒的结构如图 4-4 所示。

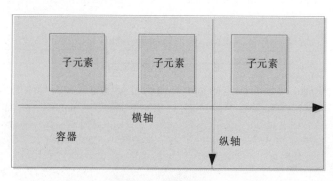

图 4-4　弹性盒结构

　　从图 4-4 可以看出，弹性盒由容器、子元素和轴构成，并且默认情况下，子元素的布局方向与横轴的方向是一致的。弹性盒模型可以用简单的方式满足很多常见的复杂的布局需求，它的优势在于开发人员只需声明布局应该具有的行为，而无须给出具体的实现方式。浏览器会负责完成实际的布局。

　　弹性盒模型几乎在主流浏览器中都得到了支持，如表 4-1 所示。

表 4-1　浏览器对弹性盒模型的支持情况

iOS Safari	Android Browser	IE	Opera	Chrome	Firefox
7.0+ 支持	4.4+ 支持	11+ 支持	12.1+ 支持	21+ 支持	22+ 支持

4.3.2　弹性盒布局常用属性

弹性盒布局的常用属性有 7 个，具体如下。

1. display 属性

display 属性用于指定元素容器的类型，其默认值为 inline，这意味着此元素会被显示为一个内联元素，在元素前后没有换行符。如果设置 display 的值为 flex，则表示用于指定弹性盒的容器；如果设置 display 的值为 none，则表示此元素不会被显示。

下面通过一个案例来演示 display 属性的使用，如例 4-2 所示。

【例 4-2】

（1）创建 C:\web\chapter04\demo02.html 文件，具体代码如下。

```
1   <!DOCTYPE html>
2   <html>
3   <head>
4     <meta charset="UTF-8">
5     <title> 弹性盒属性 </title>
6     <style>
7       .box {
8           display: flex;
9           border: 1px solid #999;
10          height: 60px;
11          padding: 4px;
12          background: #ddd;
13      }
14      .box > div {
15          margin: 2px;
16          padding: 2px;
17          border: 1px solid #999;
18          background: #fff;
19      }
20    </style>
21  </head>
22  <body>
23    <div class="box">
24      <div class="a">A</div>
25      <div class="b">B</div>
26      <div class="c">C</div>
27    </div>
28  </body>
29  </html>
```

（2）通过浏览器访问测试，运行结果如图 4-5 所示。

图 4-5 弹性盒结构

从图 4-5 可以看出，当父元素 .box 的 display 设为 flex 后，子元素就会按照内容的实际宽度来显示，且子元素的高度会占满父元素的可用高度。

2. flex-flow 属性

flex-flow 是属性 flex-direction 和 flex-wrap 的简写，用于排列弹性子元素。

flex-direction 用于调整主轴的方向，可以调整为横向或者纵向。默认情况下是横向，此时横轴为主轴，纵轴为侧轴；如果改为纵向，则纵轴为主轴，横轴为侧轴。

flex-direction 取值如表 4-2 所示。

表 4-2 flex-direction 取值

取值	描述
row	弹性盒子元素按横轴方向顺序排列（默认值）
row-reverse	弹性盒子元素按横轴方向逆序排列
column	弹性盒子元素按纵轴方向顺序排列
column-reverse	弹性盒子元素按纵轴方向逆序排列

flex-wrap 用于让弹性盒元素在必要的时候拆行，其取值如表 4-3 所示。

表 4-3 flex-wrap 取值

取值	描述
nowrap	容器为单行，该情况下 flex 子项可能会溢出容器。该值是默认属性值，不换行
wrap	容器为多行，flex 子项溢出的部分会被放置到新行（换行），第一行显示在上方
wrap-reverse	反转 wrap 排列（换行），第一行显示在下方

当使用 flex-flow 时，其值是 flex-direction 的值和 flex-wrap 的值的组合。例如，将 flex-direction 设为 row，将 flex-wrap 设为 nowrap，示例代码如下。

```
/* 简写形式 */
flex-flow: row nowrap;
/* 分开写 */
flex-direction: row;
flex-wrap: nowrap;
```

下面通过案例演示 flex-flow 的使用。打开 demo02.html 文件，修改 .box 元素的样式，具体修改如下。

```
/* height: 60px; */    /* 将高度注释起来 */
flex-flow: column-reverse;
```

修改完成后，页面效果如图 4-6 所示。

从图 4-6 可以看出，子元素按照纵向排列显示，元素顺序发生了反转。

读者可以尝试更换成其他属性值，观察运行结果，在这里不再赘述。

图 4-6　flex-flow 取值为 column-reverse

3. justify-content 属性

justify-content 属性能够设置子元素在主轴方向的排列方式，其取值如表 4-4 所示。

表 4-4　justify-content 取值

取值	描述
flex-start	弹性盒子元素将向行起始位置对齐（默认值）
flex-end	弹性盒子元素将向行结束位置对齐
center	弹性盒子元素将向行中间位置对齐
space-between	弹性盒子元素会平均分布在行里，第一个元素的边界与行的起始位置边界对齐，最后一个元素的边界与行结束位置的边界对齐
space-around	弹性盒子元素会平均分布在行里，两端保留子元素与子元素之间间距大小的一半

下面打开 demo02.html 文件，修改 .box 元素的样式，具体修改如下。

```
height: 60px;
/* flex-flow: column-reverse; */  /* 将上一步的代码注释或删除 */
justify-content: space-between;
```

修改完成后，页面效果如图 4-7 所示。

图 4-7　justify-content 取值为 space-between

4. align-items 属性

align-items 属性用于定义子元素在侧轴上的对齐方式，其取值如表 4-5 所示。

表 4-5　align-items 取值

取值	描述
flex-start	弹性盒子元素向侧轴方向上的起始位置对齐
flex-end	弹性盒子元素向侧轴方向上的结束位置对齐
center	弹性盒子元素向侧轴方向上的中间位置对齐
baseline	如果弹性盒子元素的行内轴（页面中文字的排列方向）与侧轴方向一致，则该值与 flex-start 等效，其他情况下该值将与基线对齐
stretch	默认值。将子元素在侧轴上拉伸以适合容器，但会受到子元素大小属性（如 min/max-width/height）的限制

下面打开 demo02.html 文件，修改 .box 元素的样式，具体修改如下。

```
/* justify-content: space-between;*/  /* 将上一步的代码注释或删除 */
align-items: center;
```

修改完成后，页面效果如图 4-8 所示。

图 4-8　align-items 取值为 center

从图 4-8 可以看出，子元素在父元素内垂直居中了。

5. order 属性

order 属性用于设置子元素出现的排列顺序，数值越小，排列将会越靠前，默认为 0。

例如，修改 demo02.html 的代码，将子元素 A、B、C 的 order 值分别修改为 2、3、1，具体代码如下。

```
.a { order: 2; }
.b { order: 3; }
.c { order: 1; }
```

修改完成后，页面效果如图 4-9 所示。

图 4-9　元素排列效果

在测试完成后，删除 order 的样式代码，以免影响后面的代码演示。

6. flex 属性

flex 属性是 flex-grow（扩展比率）、flex-shrink（收缩比率）和 flex-basis（宽度，像素值）的简写形式，能够设置子元素的伸缩性。

例如，修改 demo02.html 的代码，将子元素 A 的 flex-grow 改为 1，具体代码如下。

```
.a {
  flex-grow: 1;  /* 也可以写成 flex: 1; */
}
```

修改完成后，页面效果如图 4-10 所示。

图 4-10　将 A 的 flex-grow 改为 1

在测试完成后，删除 flex-grow 的样式代码，以免影响后面的代码演示。

7. align-self 属性

align-self 属性能够覆盖容器中的 align-items 属性，用于设置单独的子元素如何沿着纵轴排列。其取值有 auto、flex-start、flex-end、center、baseline、stretch，这些取值的意义与 align-items 属性的取值类似。

需要注意的是，在使用弹性盒布局时，以下属性不起作用。

（1）多列布局中的 column-* 属性对弹性子元素无效。

（2）float 和 clear 对弹性子元素无效。使用 float 会导致 display 属性计算为 block。

（3）vertical-align 属性对弹性子元素的对齐无效。

4.4　媒体查询

通过前面的学习可知，响应式布局页面可以实现一套代码在不同的屏幕宽度下呈现出不同的布局效果。那么这种效果是如何实现的呢？其核心技术就是"媒体查询"。此外，媒体查询也经常与 Rem 布局配合使用来实现响应式布局。本节将对媒体查询进行详细讲解。

4.4.1　什么是媒体查询

CSS 的 Media Query 媒体查询（也称为媒介查询）用来根据窗口宽度、屏幕比例和设备方向等差异来改变页面的显示方式。使用媒体查询能够在不改变页面内容的情况下，为特定的输出设备制定显示效果。

媒体查询由媒体类型和条件表达式组成。常用的媒体查询属性如下。

- 设备宽高：device-width、device-height。
- 渲染窗口的宽和高：width、height。
- 设备的手持方向：orientation。
- 设备的分辨率：resolution。

媒体查询的使用方法有两种，即内联式和外联式。下面通过代码来对这两种方式进行演示。利用媒体查询实现当文档宽度大于 640px 时对 CSS 样式进行修改。

（1）内联式是直接在 CSS 中使用的，示例代码如下。

```
<style>
  @media screen and (min-width:640px){
    css属性：css属性
  }
</style>
```

（2）外联式是作为单独的 CSS 文件从外部引入的，示例代码如下。

```
<link href="style.css" media="screen and (min-width:640px)" ref="stylesheet">
```

读者在学习媒体查询时，除了应理解媒体查询的基本概念和语法格式外，还需要练习媒体查询的基本使用。在后面的小节中会通过案例进行详细讲解。

4.4.2　响应式布局容器

响应式网站中使用布局容器来实现控制页面中每个元素的大小和布局变化，需要一个父级元素作为布局容器，来配合子级元素实现变化效果。其原理是，在不同屏幕下，通过媒体查询来改变这个布局容器的大小，然后改变里面的子元素的排列方式和大小，从而实现不同屏幕下页面布局和样式发生变化。

在移动 Web 开发中，常见的响应式布局容器尺寸划分如表 4-6 所示。

表 4-6　响应式布局容器尺寸划分

屏幕大小	尺寸区间	宽度设置
超小屏幕	< 576px	100%
小屏幕	≥ 576px	540px
中等屏幕	≥ 768px	720px
大屏幕	≥ 992px	960px
超大屏幕	≥ 1200px	1140px

下面通过案例演示如何使用媒体查询来根据常见屏幕尺寸进行宽度设置，实现响应式页面布局。具体实现步骤如例 4-3 所示。

【例 4-3】

（1）创建 C:\web\chapter04\demo03.html 文件，具体代码如下。

```
1   <head>
2     <meta name="viewport" content="width=device-width">
3     <style>
4       /* 1. 超小屏幕（小于 576px）布局容器的宽度为 100% */
5       @media screen and (max-width: 575px) {
6         .container {
7           width: 100%;
8         }
9       }
10      /* 2. 小屏幕（大于等于 576px）布局容器的宽度为 540px */
11      @media screen and (min-width: 576px) {
12        .container {
13          width:540px;
14        }
15      }
16      /* 3. 中等屏幕（大于等于 768px）布局容器宽度为 720px */
17      @media screen and (min-width: 768px) {
18        .container {
19          width: 720px;
20        }
21      }
22      /* 4. 大屏幕（大于等于 992px）布局容器宽度为 960px */
23      @media screen and (min-width: 992px) {
24        .container {
25          width: 960px;
26        }
27      }
28      /* 5. 超大屏幕（大于等于 1200px）布局容器宽度为 1140px */
29      @media screen and (min-width: 1200px) {
30        .container {
31          width: 1140px;
32        }
33      }
34      .container {
35        height: 50px;
36        background: #ddd;
```

```
37        margin: 0 auto;
38      }
39    </style>
40  </head>
41  <body>
42    <div class="container"> 布局容器 </div>
43  </body>
44  </html>
```

上述代码中，设置了一个类名为 container 的 div 布局容器，并使用媒体查询的方式在不同屏幕尺寸下对布局容器的宽度进行设置。

（2）通过浏览器进行测试，观察在不同窗口宽度下布局容器是否会相应发生变化。页面效果如图 4-11 所示。

图 4-11　布局容器页面效果

4.5　Rem 适配布局

使用 Rem 适配布局，可以实现根据不同设备的情况，按比例设置页面的字体大小。在页面中，元素使用 rem 尺寸单位，当页面字体大小变化时，元素的宽度和高度也会发生变化，从而达到等比缩放的适配效果。下面将对 Rem 适配布局的方案以及实现方式进行详细讲解。

4.5.1　rem 单位

rem 是 CSS3 中新增的一种相对长度单位。当使用 rem 单位时，根节点 <html> 的字体大小（font-size）决定了 rem 的尺寸。

rem 单位类似于 em 单位，em 单位表示父元素字体大小，不同之处在于，rem 的基准是相对于 <html> 根节点的字体大小。下面通过代码对比 em 和 rem 的区别。

（1）使用 em 单位，示例代码如下。

```
div {
  font-size: 12px;
}
div > p {
  width: 10em;                /* 结果为 120px */
  height: 10em;               /* 结果为 120px */
}
```

上述代码中，em 单位是相对于父元素计算的，子元素的 1em 等于 12px，因此 10em 就相当于 120px。

（2）使用 rem 单位，示例代码如下。

```
html {
  font-size: 14px;
```

```
    }
    div {
      font-size: 12px;
    }
    div > p {
      width: 10rem;                  /* 结果为 140px */
      height: 10rem;                 /* 结果为 140px */
    }
```

上述代码中，rem 单位是相对于 <html> 根节点计算的，因此 10rem 的结果为 140px。

与 em 单位相比，rem 单位的优势在于，只通过修改 <html> 的文字大小，就可以改变整个页面中的元素大小，使用起来更加方便。

4.5.2　通过媒体查询和 rem 单位实现元素大小动态变化

利用媒体查询和 rem 单位，可以实现元素大小的动态变化。其思路是，通过媒体查询来更改不同屏幕宽度下 <html> 的字体大小，页面中的元素盒子都使用 rem 单位，从而让它们能够进行等比例缩放。

下面通过案例进行演示，具体实现步骤如例 4-4 所示。

【例 4-4】

（1）创建 C:\web\chapter04\demo04.html 文件，具体代码如下。

```
1   <!DOCTYPE html>
2   <html>
3   <head>
4     <meta charset="UTF-8">
5     <meta name="viewport" content="width=device-width">
6     <title>Document</title>
7     <style>
8       @media screen and (min-width: 320px) {
9         html {
10          font-size: 20px;
11        }
12      }
13      @media screen and (min-width: 750px) {
14        html {
15          font-size: 50px;
16        }
17      }
18      div {
19        width: 4rem;
20        height: 4rem;
21        background-color: pink;
22      }
23    </style>
24  </head>
25  <body>
26    <div>测试文本</div>
27  </body>
28  </html>
```

上述代码中，第 8 ～ 17 行代码使用 @media 媒体查询监测屏幕的宽度。如果屏幕宽度大于等于 320px，就设置 <html> 根节点的 font-size 的值为 20px；如果屏幕宽度大于等于 750px，那么就设置 <html> 根节点的 font-size 的值为 50px。第 18 ～ 22 行代码定义 div 的宽度和高度均为 4rem。第 26 行定义 div 元素。

（2）在浏览器中打开 demo04.html，查看屏幕宽度为 320px 时的运行结果，如图 4-12 所示。

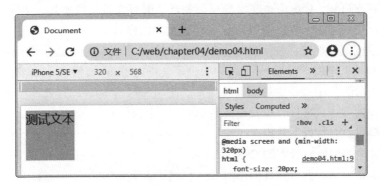

图 4-12　屏幕宽度为 320px 时的运行结果

（3）将屏幕宽度切换为 768px，运行结果如图 4-13 所示。

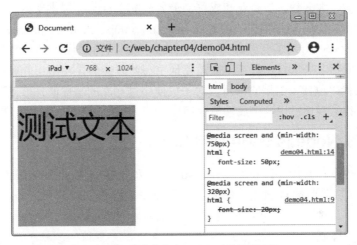

图 4-13　屏幕宽度为 768px 时的运行结果

4.6　Sass

在移动端页面布局开发中，使用 Sass 或 Less 可以使页面的样式更加丰富。与原生 CSS 相比，Sass 和 Less 可以定义变量、样式嵌套和运算等。在使用 Sass 时，还需要使用 Node.js 提供的 node-sass 模块来编译 sass，并将 .sass 文件编译成普通的 .css 文件来使用。关于 Less 的内容将在 4.7 节进行讲解。本节重点对 Sass 的内容进行详细讲解。

4.6.1　什么是 Sass

在学习 Sass 之前，首先了解一下原生 CSS 语言，CSS 不是编程语言，因此不可以自定义变量，也不可以引用。CSS 主要有以下缺点。

（1）CSS 是一门非程序式语言，没有变量、函数、SCOPE（作用域）等概念。

（2）CSS 需要书写大量看似没有逻辑的代码，代码冗余度是比较高的。

（3）CSS 没有很好的计算能力。

（4）不方便维护及扩展，不利于复用。

从上述内容中可知，CSS 语言在实现页面的样式时存在着些许不足。为了解决 CSS 在实际开发过程中存在的问题，可以使用 Sass 来实现页面的样式。

Sass 是一款成熟、稳定、强大的专业级 CSS 扩展语言，它是一款强化 CSS 的辅助工具，在 CSS 语法的基础上增加了变量（variables）、嵌套（nestedrules）、混合（mixins）、导入（inline imports）等高级功能，让 CSS 更加强大且优雅。使用 Sass 和 Sass 的样式库（如 Compass）有助于更好地组织管理样式文件，以及更高效地开发项目。

Sass 的优势主要包括以下几点。

（1）Sass 完全兼容所有版本的 CSS。

（2）特性丰富，Sass 拥有比其他任何 CSS 扩展语言更多的功能和特性。

（3）技术成熟，功能强大。

（4）行业认可，现在越来越多的开发人员在使用 Sass。

（5）社区庞大，大多数科技企业和成百上千名开发者为 Sass 提供支持。

（6）有无数框架使用 Sass 构建，如 Compass、Bootstrap、Bourbon 和 Susy。

此外，Sass 为 CSS 引入了变量的概念。在 Sass 中编写样式代码时，可以把反复使用的 CSS 属性值定义成一个变量，这样就不需重复地书写此属性值，在使用此属性值时只需通过变量名在不同的代码位置来引用它即可。对于仅使用过一次的属性值，可以赋予其一个易懂的变量名，让人很直观地看出这个属性值的用途。

4.6.2　在 Node.js 环境中使用 Sass

Sass 编译有很多种方式，如 node-sass、sublime 插件 SASS-Build、编译软件 koala 和前端自动化软件 Gulp 打造前端自动化工作流等。下面主要讲解如何使用 node-sass 编译 *.scss 文件。

1．Node.js 环境

在编译 *.scss 文件之前，首先需要准备编译的平台，即 Node.js 环境。打开 Node.js 官方网站，找到 Node.js 下载地址，进行下载即可。

下载完成后，双击安装包进行安装，如图 4-14 所示。

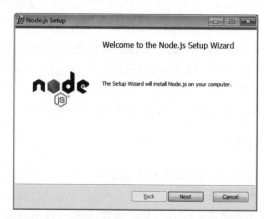

图 4-14　安装界面

安装过程全部使用默认值即可。安装完成后，打开 cmd 命令行工具，查看 Node.js 版本信息，如图 4-15 所示。

2. 安装 node-sass

node-sass 是一个库，它将 Node.js 绑定到 LibSass（用 C/C++ 实现的 Sass 引擎），能够以极快的速度将 *.scss 文件编译为 *.css，并能通过连接中间件自动编译。下面讲解 node-sass 的具体安装步骤。

安装完 Node.js 环境后，下一步需要安装 node-sass。打开命令行工具，输入如下命令进行安装。

```
npm install --global node-sass
```

上述命令中，--global 表示全局安装 node-sass。

安装完成后，在命令行中输入如下命令，查看 node-sass 的版本号。

```
node-sass -v
```

上述命令执行后，运行结果如图 4-16 所示。

图 4-15　查看 Node.js 版本　　　　图 4-16　查看 node-sass 版本

上述内容主要讲解了 Sass 的基本概念，以及 Node.js 的下载和安装。在准备好开发环境后，下面就可以编译 *.scss 样式文件了。在编译 *.scss 样式文件之前，需要先学习 Sass 的基础知识，掌握 Sass 的语法格式、变量、嵌套规则和运算符的使用。

4.6.3　Sass 语法格式

Sass 有两种语法格式。一种是最早的 Sass 语法格式，被称为缩进格式（Indented Sass），通常简称 "Sass"，是一种简化格式。这种格式以 ".sass" 作为扩展名。另一种语法格式是 SCSS（Sassy CSS），这种格式仅在 CSS3 语法的基础上进行拓展，所有 CSS3 语法在 SCSS 中都是通用的，同时加入 Sass 的特色功能。这种格式以 ".scss" 作为扩展名。本书主要基于 SCSS 格式进行讲解。

1. 变量声明

Sass 使用 "$" 符号来标识变量，如 $highlight-color 和 $sidebar-width。需要注意的是，老版本的 Sass 使用 "!" 来标识变量。使用 $ 符号的好处是更具美感，并且该符号在 CSS 中并无他用，不会导致与现在或未来的 CSS 语法冲突。

Sass 变量的声明和 CSS 属性的声明比较相似，基本语法如下。

```
$highlight-color: #F90;
```

上述代码表示变量 $highlight-color 的值是 #F90。任何可以用作 CSS 属性值的赋值都可以用作 Sass 的变量值，甚至可以以空格或逗号分割多个属性值，示例代码如下。

```
$basic-border: 1px solid black;
$plain-font: "Myriad Pro","Myriad","Helvetica","Neue","Helvetica";
```

与 CSS 属性不同的是，变量可以在 CSS 规则块定义之外存在。如果变量定义在 CSS 规则块内，那么该变量只能在此规则块内使用。如果它们出现在任何形式的 {...} 块中，如 @media 或者 @font-face 块中也是如此。

2. 变量引用

在变量定义完成之后，这时变量还没有生效，除非引用这个变量。下面讲解变量的使用方法。示例代码如下。

```
$highlight-color: #F90;
.selected {
  border: 1px solid $highlight-color;
}
```

上述代码中，凡是 CSS 属性的标准值（如 1px 或者 bold）可存在的地方，变量就可以使用。CSS 生成时，变量会被它们的值所替代。之后，如果需要一个不同的值，只需要改变这个变量的值，那么所有引用此变量的地方生成的值都会随之改变。

4.6.4　Sass 编译

在完成了 Sass 代码的编写后，可以通过 node-sass 模块对 *.scss 文件进行编译。下面主要讲解如何将 *.scss 文件编译成为 *.css 文件，具体如例 4-5 所示。

【例 4-5】

在 C:\web\chapter04\Sass 目录下创建 color.scss 文件，并将 Sass 语法格式中设置边框颜色的代码添加到 color.scss 文件中，具体代码如下。

```
$highlight-color: #F90;
.selected {
  border: 1px solid $highlight-color;
}
```

上述代码中，定义变量 $highlight-color 的值为 #F90；设置类名为 selected 的边框大小为 1px 实线，颜色为 #F90。

在 C:\web\chapter04\Sass 目录下打开命令行，执行如下命令。

```
node-sass color.scss output.css
```

上述命令执行后，会在 C:\web\chapter04\Sass 目录中生成编译后的 output.css 文件，具体代码如下。

```
.selected {
  border: 1px solid #F90;
}
```

上述代码中，变量 $highlight-color 已成功被替换为了 #F90，并且编译后的代码与基础 CSS 样式代码相同。

4.6.5　Sass 嵌套

尽管 Sass 可以把反复使用的 CSS 属性值定义成变量，但是为了完善 Sass 的功能，Sass 基于变量提供了更为强大的工具，即规则嵌套。只有当 Sass 变量与规则嵌套一起使用时，才能发挥其更大的作用。下面讲解规则嵌套的使用方法。

在使用 CSS 编写代码时，众所周知，重复写选择器是非常烦琐的。例如，要写一大串指向页面中同一块的样式时，往往需要一遍又一遍地写同一个 ID 来实现，如下所示。

```
#content article h1 { color: #333 }
#content article p { margin-bottom: 1.4em }
#content aside { background-color: #EEE }
```

为了解决重复书写 ID 选择器的问题，Sass 提供了嵌套规则，只写一遍即可实现，具体代码如下。

```
#content {
  article {
```

```
    h1 { color: #333 }
    p { margin-bottom: 1.4em }
  }
  aside { background-color: #EEE }
}
```

上述代码中，Sass 在编译输出 CSS 时会自动把这些嵌套规则处理好，避免代码的重复书写，且使样式的可读性更高。编译后的代码如下。

```
#content article h1 { color: #333 }
#content article p { margin-bottom: 1.4em }
#content aside { background-color: #EEE }
```

4.6.6　Sass 运算

Sass 支持数字的加（+）、减（-）、乘（*）、除（/）和取余（%）等运算，必要时会在不同单位间进行值的转换。示例代码如下。

```
p {
  width: 1in + 8pt;
}
```

上述代码编译后的结果如下。

```
p {
  width: 1.111in;
}
```

上述代码中，pt 全称为 point，是 CSS 中的一个单位，1in=72pt。根据此公式 1in+8pt 转换后的结果为 1.111in。

在学习了不同单位间转换值之后，下面以"/"运算符号为例讲解 Sass 运算的内容。

"/"符号在 CSS 中通常起到分隔数字的用途，而在 Sass 中同时也赋予了"/"除法运算的功能，但两者并不会冲突。也就是说，如果"/"在 Sass 中把两个数字分隔，编译后的 CSS 文件中也是同样的作用。

下面通过代码演示"/"符号的使用方式。

```
p {
  font: 10px/8px;
  $width: 1000px;
  width: $width/2;
  height: (500px/2);
  margin-left: 5px + 8px/2px;
}
```

上述代码编译后的结果如下。

```
p {
  font: 10px/8px;
  width: 500px;
  height: 250px;
  margin-left: 9px;
}
```

上述代码中，font 编译后的结果不变，这是因为没有被圆括号包裹；width 编译后的结果为 500px，这是 $width 变量除以 2 计算后的结果，因为 $width 变量的值提前定义为 1000px；height 编译后的结果为 250px，这是被圆括号包裹的 500px/2 计算后的结果；margin-left 编译后的结果为 9px；这是因为"8px/2px"作为了算术表达式的一部分，然后，再通过"+"符号与前一个值进行加法运算，所以最终得到的结果为 9px。

如果需要使用变量，同时又要确保"/"不做除法运算而是完整地编译到 CSS 文件中，

只需要用 #{} 插值语句将变量包裹。示例代码如下。

```
p {
    $font-size: 12px;
    $line-height: 30px;
    font: #{$font-size}/#{$line-height};
}
```

上述代码编译后的结果如下。

```
p {
    font: 12px/30px;
}
```

除了数字运算符外，关系运算符 <、>、<=、>= 也可以用于数字的运算，所有数据类型均支持相等（==）或不等（!=）运算。此外，每种数据类型也有其各自支持的运算方式。关于更多运算符号的使用，读者可以参考 Sass 官网进行学习。

4.7　Less

在前面的内容中讲解了 Sass 的基本概念和使用方式。除了 Sass 外，在编写页面样式时，也可以通过 Less 来实现。Less 与 Sass 都是 CSS 预处理器，它们的功能相同，但是在使用时有一些区别。本节主要讲解 Less 的基本概念和使用方式。

4.7.1　什么是 Less

Less（Leaner Style Sheets）是一门 CSS 扩展语言，也称为 CSS 预处理器。作为 CSS 的一种形式的扩展，Less 并没有减少 CSS 的功能，而是在现有的 CSS 语法上，为 CSS 加入程序式语言的特性。

Less 与 Sass 的区别如下。

（1）Less 基于 JavaScript，是在客户端处理的。而 Sass 基于 Ruby，是在服务器端处理的。

（2）变量在 Less 和 Sass 中的唯一区别就是 Less 用 @，Sass 用 $。

（3）在输出设置方面，Less 没有输出设置，而 Sass 提供了 4 种输出选项，分别是 nested、compact、compressed 和 expanded。

（4）Sass 支持条件语句，可以使用 if{}else{}、for{} 循环等，而 Less 不支持。

另外，Less 在 CSS 的语法基础上，引入了变量、Mixin（混入）、运算和函数等功能，简化了 CSS 的编写，使 CSS 更易维护和扩展，降低了 CSS 的维护成本。正如它的名称，Less 可以用更少的代码做更多的事情。

4.7.2　Less 语法格式

CSS 需要编写大量重复的样式属性值来实现页面的样式，如 CSS 中的一些颜色和数值等经常被使用。而通过 Less 变量来实现 CSS 样式非常方便，且容易维护。下面讲解如何定义 Less 变量，以及 Less 变量的命名规范。

Less 变量的语法格式如下。

```
@变量名：值；
```

变量名需要遵循命名规范，具体如下。

（1）必须以 @ 为前缀。

（2）不能包含特殊字符。

（3）不能以数字开头。

（4）大小写敏感。

例如，@color 是合法的变量名，而 @1color、@color ～ @# 则是错误的变量名。由于变量名区分大小写，故 @color 和 @Color 是两个不同的变量。

下面演示如何使用 Less 变量来设置页面的背景颜色为粉色。

（1）定义 @color 变量，示例代码如下。

```
@color: pink;
```

上述代码中，设置 @color 变量的值为 pink。

（2）使用 @ 变量，示例代码如下。

```
body {
  color: @color;
}
a:hover {
  color: @color;
}
```

需要注意的是，Less 的代码应该书写到 *.less 文件中，而不是 .css 文件中。Less 的书写方式与 CSS 基本相似。在开发过程中，当同时修改 <body> 和 <a> 标签的样式时，只需要修改 @color 变量的值即可。

4.7.3　Less 编译

使用 VS Code 编辑器可以很方便地进行 Less 的编译。在 VS Code 中，Easy LESS 插件用于把 .less 文件编译为 .css 文件。具体使用方式如下。

在 VS Code 编辑器中搜索 Easy LESS 插件，如图 4-17 所示。

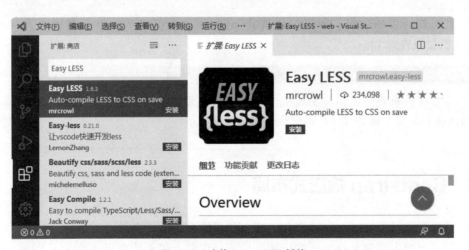

图 4-17　查找 Easy LESS 插件

在图 4-17 中找到 Easy LESS 插件后，单击"安装"按钮进行安装即可。

在进行 Less 文件编译之前，首先新建一个后缀名为 .less 的文件，然后在这个 .less 文件里面书写 less 语句。具体实现步骤如例 4-6 所示。

【例 4-6】

（1）创建 C:\web\chapter04\my.less 文件，具体代码如下。

```
1    /* 定义一个粉色的变量 */
2    @color: pink;
3    /* 定义一个字体为14px 的变量 */
4    @font14: 14px;
5    body {
6      background-color: @color;
7    }
8    div {
9      color: @color;
10     font-size: @font14;
11   }
12   a {
13     font-size: @font14;
14   }
```

上述代码中，第 2 行代码定义 @color 变量，值为 pink；第 4 行代码定义 @font14 变量，值为 14px；第 5 ~ 7 行代码在 body 中定义 background-color 背景颜色的值为 @color 变量；第 8 ~ 11 行代码在 div 中定义 color 字体颜色的值为 @color 变量，font-size 字体大小的值为 @font14 变量；第 12 ~ 14 行代码在 <a> 标签中定义 font-size 字体大小的值为 @font14 变量。

（2）保存 my.less 文件，编辑器会自动生成 my.css 文件。my.css 文件的代码如下。

```
1    /* 定义一个粉色的变量 */
2    /* 定义一个字体为14px 的变量 */
3    body {
4      background-color: pink;
5    }
6    div {
7      color: pink;
8      font-size: 14px;
9    }
10   a {
11     font-size: 14px;
12   }
```

从上述代码可以看出，编辑器成功将 my.less 文件中的 @color 变量设置为 pink，将 @font14 变量设置为 14px。

▌▌▌ 小提示：

由于 Less 的嵌套和运算与 Sass 相似，所以在这里只讲解了 Less 变量的定义方式。关于 Less 的嵌套和运算，读者可以参考官方网站进行学习。

4.8　Bootstrap 响应式布局

在第 1 章学习了 Bootstrap 的概念、特点和组成，相信读者已经对 Bootstrap 有了一个初步的认识。下面主要对 Bootstrap 响应式布局进行讲解，带领读者进一步学习 Bootstrap 的相关内容。

4.8.1　下载 Bootstrap

打开浏览器，访问 Bootstrap 官方网站，获取 Bootstrap 的下载地址。本书基于 Bootstrap

的 4.4.1 版本进行讲解。Bootstrap 官方网站的首页如图 4-18 所示。

图 4-18　Bootstrap 首页

　　Bootstrap 提供了 3 种下载方式供开发者进行选择：第 1 种方式是下载预编译的文件；第 2 种方式是下载源文件进行手动编译，Bootstrap 4 的源文件采用 Sass 进行编写；第 3 种方式是使用 CDN 来引入。

　　如果不需要了解 Bootstrap 的源代码，则可以直接选择预编译的文件来使用即可。由于国外网站访问速度慢，读者也可以使用本书源代码中的 bootstrap-4.4.1-dist.zip 文件。

4.8.2　预编译的 Bootstrap

　　Bootstrap 预编译文件不包含文档和最初的源代码文件，可以直接使用到 Web 项目中。将预编译的 Bootstrap 下载成功后，解压 bootstrap-4.4.1-dist.zip 文件，会看到 css 和 js 两个文件夹，这两个文件夹下还有很多个子文件，其结构如下所示。

```
bootstrap/
├── css/
│   ├── bootstrap-grid.css
│   ├── bootstrap-grid.css.map
│   ├── bootstrap-grid.min.css
│   ├── bootstrap-grid.min.css.map
│   ├── bootstrap-reboot.css
│   ├── bootstrap-reboot.css.map
│   ├── bootstrap-reboot.min.css
│   ├── bootstrap-reboot.min.css.map
│   ├── bootstrap.css
│   ├── bootstrap.css.map
│   ├── bootstrap.min.css
│   └── bootstrap.min.css.map
└── js/
    ├── bootstrap.bundle.js
    ├── bootstrap.bundle.js.map
    ├── bootstrap.bundle.min.js
    ├── bootstrap.bundle.min.js.map
    ├── bootstrap.js
    ├── bootstrap.js.map
    ├── bootstrap.min.js
    └── bootstrap.min.js.map
```

上述 bootstrap 目录的基本结构中，bootstrap.* 表示预编译好的文件；bootstrap.min.* 表示经过压缩的文件；bootstrap.*.map 表示 CSS 源码映射表文件，这些文件可直接在某些浏览器的开发工具中使用；bootstrap.bundle.js 和 bootstrap.bundle.min.js 是捆绑的 JavaScript 文件，包括 Popper，但不包括 jQuery。需要说明的是，map 文件只有在自定义的高级开发时才会用到，在实际开发中通常进行整体的复制，所以该部分仅做了解即可。

在了解了预编译 Bootstrap 的文件结构之后，下面主要讲解如何在 HTML 中引入预编译的 Bootstrap 的核心 CSS 和 JavaScript 文件，示例代码如下。

```html
<!-- 引入 Bootstrap 4 核心 CSS 文件 -->
<link rel="stylesheet" href="bootstrap/css/bootstrap.min.css">
<!-- 引入 Bootstrap 4 核心 JavaScript 文件 -->
<script src="bootstrap/js/bootstrap.min.js"></script>
```

上述代码中，通过 <link> 标签引入 bootstrap.min.css 文件，其中，href 属性的值为本地文件路径；通过 <script> 标签引入 bootstrap.min.js 文件，设置 src 属性值为本地文件路径。

4.8.3　Bootstrap 源文件

Bootstrap 源文件除了包含预先编译好的 CSS、JavaScript 文件外，还提供了 SCSS 源代码、JavaScript 源代码和文档。将 Bootstrap 源文件下载后，解压 .zip 文件，会看到该目录结构如下所示。

```
Bootstrap/
├── dist/
│   ├── css/
│   └── js/
├── build/
├── js/
├── site/
├── nuget/
├── scss/
├── package.js
├── package.json
├── package-lock.json
└── README.md
```

上述结构中，列出了 Bootstrap 源代码目录下的部分文件，其中，scss 和 js 目录下存放 SCSS 和 JavaScript 的源代码；dist 目录包含预编译下载部分中列出的所有内容；其他的文件是用来设置 Bootstrap 的主题效果或者控件的封装源码，读者可以自行下载源代码查看文件。

4.8.4　使用 Bootstrap CDN

为了简化开发，Bootstrap CDN 中提供了大量预编译的 CSS、JavaScript 和组件，使用这种方式可以直接跳过手动下载，将编译好的文件直接引用到项目中，示例代码如下。

```html
<!-- Bootstrap 4 核心 CSS 文件 -->
<link rel="stylesheet" href="https://cdn.staticfile.org/twitter-bootstrap/4.4.1/css/bootstrap.min.css">
<!-- jQuery 文件，务必在 bootstrap.min.js 之前引入 -->
<script src="https://cdn.staticfile.org/jquery/3.2.1/jquery.min.js"></script>
<!-- 用于弹窗、提示、下拉菜单 -->
<script src="https://cdn.staticfile.org/popper.js/1.15.0/umd/popper.min.js"></script>
<!-- Bootstrap 4 核心 JavaScript 文件 -->
<script src="https://cdn.staticfile.org/twitter-bootstrap/4.4.1/js/bootstrap.min.js"></script>
```

需要注意的是，CDN 方式的代码需要到指定服务器中进行下载，如果是离线项目，则这种方式是无效的。

> **小提示：**
>
> 在使用 CDN 加载引用文件时，通常选择带有 min 的文件，这是因为带有 min 的 JavaScript 和 CSS 文件是经过压缩之后的文件，体积比较小。

4.8.5　Bootstrap 初体验

通过前面的学习，已对 Bootstrap 有了一个初步的认识，并完成了 Bootstrap 文件的下载。下面将讲解如何使用 Bootstrap 来快速实现登录页面布局。

1. 准备工作

登录页面在网页开发中是不可或缺的，例如管理平台、网站商城等，只有用户登录成功才可以查看相关的业务功能。传统的开发方式需要自己去编写相应的结构和样式，而 Bootstrap 提供了多个预先定义的组件和样式，只需要知道它定义了哪些样式，以及这些样式能实现什么样的效果，然后根据实际需要添加 Bootstrap 中提供的组件和 class 名称即可。

下面将使用 Bootstrap 实现一个登录页面，页面展示效果如图 4-19 所示。

图 4-19　登录页面效果

2. 创建文件夹结构

创建 C:\Bootstrap\chapter04\login 目录，将它作为项目目录。然后在 login 目录中创建 bootstrap、images 和 css 这 3 个文件夹，其中，bootstrap 文件夹用来存放预编译的 Bootstrap 相关文件（css 和 js 目录）；images 文件夹用来存放登录页面的默认头像；css 文件夹用来存放自定义的 css 样式文件。

3. 创建 HTML 骨架结构

创建 C:\Bootstrap\chapter04\login\index.html，编写 HTML 代码结构，示例代码如下。

```
1  <!DOCTYPE html>
2  <html>
3  <head>
4    <meta charset="UTF-8">
5    <meta name="viewport" content="width=device-width, initial-scale=1.0">
6    <meta http-equiv="X-UA-Compatible" content="ie=edge">
7    <!--[if lt IE 9]>
8      <script src="https://oss.maxcdn.com/html5shiv/3.7.2/html5shiv.min.js"></script>
9      <script src="https://oss.maxcdn.com/respond/1.4.2/respond.min.js"></script>
10   <![endif]-->
```

```
11    <title>Document</title>
12  </head>
13  </html>
```

上述代码中，第5行代码设置视口，视口的宽度与设备一致，默认的缩放比例应与 PC 端一致，用户不能自行缩放；第6行代码设置当前网页使用 IE 浏览器最高版本的内核来渲染；第 7 ～ 10 行代码解决 IE 9 以下浏览器的兼容问题，其中，第 8 行代码解决对 HTML5 新增标签的不识别并导致 CSS 不起作用的问题，第 9 行代码解决对 CSS3 媒体查询的不识别问题。

4. 引入 Bootstrap

骨架搭建完成后，在 <head> 标签里引入 Bootstrap 核心文件，示例代码如下。

```
1   <head>
2     ……（原有代码）
3     <link rel="stylesheet" href="bootstrap/css/bootstrap.min.css">
4     <!-- 自定义的样式文件 -->
5     <link rel="stylesheet" href="css/index.css">
6   </head>
```

5. 书写页面内容

可以使用 Bootstrap 内置的组件来完成页面的快速开发。Bootstrap 中的内置组件可以在官方网站提供的文档中查找。可以在网站中找到合适的表单示例，复制该示例代码，粘贴到 HTML 页面中，并进行简单的修改，示例代码如下。

```
1   <body class="text-center">
2     <form class="form-signin">
3       <img class="mb-4" src="images/timg.jpg" alt="" width="72" height="72">
4       <h1 class="h3 mb-3"> 请登录 </h1>
5       <label for="inputEmail" class="sr-only"> 邮箱地址 </label>
6       <input type="email" id="inputEmail" class="form-control" placeholder=" 邮箱地址 " required=""
autofocus="">
7       <label for="password" class="sr-only"> 密码 </label>
8       <input type="password" id="password" class="form-control" placeholder=" 密码 " required="">
9       <div class="mb-3">
10        <label>
11          <input type="checkbox" value="remember-me"> 记住密码
12        </label>
13      </div>
14      <button class="btn btn-lg btn-primary btn-block" type="submit"> 登录 </button>
15      <p class="mt-5 mb-3 text-muted">© 2020-2025</p>
16    </form>
17  </body>
```

上述代码中，使用 form 元素来创建表单，其中表单组件和样式都是 Bootstrap 预先定义好的，只要知道类名或组件所代表的含义和实现的效果，直接拿来使用即可。例如，.btn 和 .sr-only 是 Bootstrap 预定义好的 class 类，用来渲染元素的样式。其中，.btn 类用于设计元素的通用样式；而 .sr-only 是为了帮助弱视或盲人浏览网页设计的。sr 是指 Screen Reader 屏幕阅读器，设置 .sr-only 的目的是保证屏幕阅读器可以正常读取内容并且不会影响正常人的使用。

保存上述代码，在浏览器中查看运行效果即可，具体效果可参考图 4-19。

本章小结

本章首先讲解了流式布局、弹性盒布局、媒体查询以及 Rem 适配布局的基本概念及其使用方式，帮助大家掌握移动端的常用布局方式；然后讲解了 Sass 和 Less 的基本使用，通过 Sass 和 Less 可以增强 CSS 代码的灵活性；最后讲解了 Bootstrap 响应式布局，帮助读者对 Bootstrap 开发有一个初步的认识。

课后练习

一、填空题

1. Less 变量的语法格式是_____。
2. Less 中的_____符号具有特殊含义，用来实现嵌套。
3. Easy LESS 插件实现_____编译。
4. Less 可以实现 +、-、* 和_____的运算。

二、判断题

1. Less 是一门 CSS 扩展语言，也称为 CSS 预处理器。　　　　　（　　）
2. 在 Less 中，当两个数参与运算时，运算符 "+" "-" "*" "/" 的左右有个空格隔开。（　　）
3. Sass 是世界上最成熟、最稳定、最强大的专业级 CSS 扩展语言。（　　）
4. Sass 使用 $ 符号来标识变量。　　　　　　　　　　　　　　　（　　）

三、选择题

1. 下列选项中，关于 Less 变量定义规则的说法错误的是（　　）。
   A. 必须有 @ 为前缀　　　　　　　　B. 不能包含特殊字符
   C. 不能以数字开头　　　　　　　　D. 大小写不敏感
2. 假设设计稿的宽度是 750px，整个屏幕划分为 15 等份，那么 font-size 的值为（　　）。
   A. 50px　　　　B. 60px　　　　C. 70px　　　　D. 80px
3. 下列选项中，关于 CSS 弊端说法错误的是（　　）。
   A. CSS 是一门非程序式语言，没有变量、函数、SCOPE（作用域）等概念
   B. CSS 需要书写大量看似没有逻辑的代码，CSS 冗余度是比较高的
   C. 不方便维护及扩展，不利于复用
   D. CSS 有很好的计算能力
4. 在页面中，设置 <html> 的 font-size 的值为 50px，那么 2rem 的值为（　　）。
   A. 100px　　　　B. 50px　　　　C. 25px　　　　D. 75px
5. 下面选项中，属于 Bootstrap 中预定义好的 class 类的是（　　）。
   A. .btn　　　　B. .div　　　　C. .ul　　　　D. .li

四、简答题

1. 请简述什么是 Sass。
2. 请简述 Less 变量的定义方式以及规则。

五、编程题

请使用 Less 代码设置 div 元素的宽度和高度为 200px，背景的颜色为红色。

第5章

Bootstrap 栅格系统

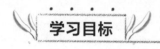

拓展阅读

★ 了解栅格系统的基本概念

★ 掌握 Bootstrap 布局容器的使用方法

★ 掌握栅格系统的基本使用方法

★ 掌握栅格系统中的列嵌套和列偏移的使用方法

在第 4 章中，我们学习了媒体查询的使用。在通过 CSS 媒体查询进行响应式 Web 开发时，我们需要编写媒体查询相关的代码，使用起来比较麻烦。为了更好地进行响应式 Web 开发，Bootstrap 框架提供了栅格系统的解决方案，极大地提高了开发效率。本章将对 Bootstrap 栅格系统的基本概念和使用方式进行详细讲解。

5.1 栅格系统简介

Bootstrap 提供了一套响应式、移动设备优先的流式栅格系统，该栅格系统主要通过媒体查询来实现，使用该栅格系统可以快速完成响应式开发。本节主要讲解 Bootstrap 栅格系统的基础知识。

5.1.1 栅格系统概述

栅格系统（Grid Systems），即网格系统，它是一种清晰、工整的设计风格，用固定的格子进行网页布局。栅格系统最早应用于印刷媒体上，如图 5-1 所示。

从图 5-1 可以看出，在印刷媒体中，一个印刷版面上划分了若干个格子。有了这些格子以后，再进行排版就非常方便了。

后来，栅格系统被应用于网页布局中。随着响应式设计的普及，栅格系统开始被赋予了新的含义，即一种响应式设计的实现方式，如图 5-2 所示。

从图 5-2 中可以看出，使用响应式栅格系统进行页面布局时，可以让一个网页在不同大小的屏幕上呈现出不同的结构。例如，在小屏幕设备上有些模块将按照不同的方式排列或者被隐藏。

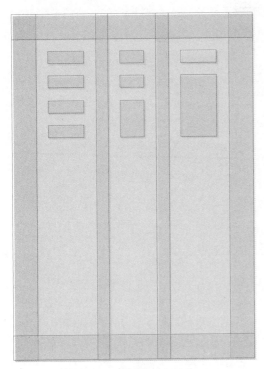

图 5-1　印刷媒体的栅格系统

图 5-2　响应式栅格系统

5.1.2　动手实现简单版栅格系统

通过前面的学习可知，响应式 Web 开发中的栅格系统主要是通过媒体查询实现的。下面将会动手编写一个简单的响应式栅格系统，让大家更好地理解栅格系统的实现原理。本案例的具体实现步骤如例 5-1 所示。

【例 5-1】

（1）创建 C:\Bootstrap\chapter05\demo01.html 文件，具体代码如下。

```
1   <!DOCTYPE html>
2   <html>
3   <head>
4     <meta charset="UTF-8">
5     <meta name="viewport" content="user-scalable=no,width=device-width,initial-
scale=1.0, maximum-scale=1.0">
6     <title>栅格系统布局</title>
7     <style>
8     .row {
9       width: 100%;
10    }
11    /* 通过伪元素 :after 清除浮动 */
12    .row :after {
13      clear: left;
14      /* 清除左浮动 */
15      content: '';
16      display: table;
17      /* 该元素会作为块级表格来显示（类似 <table>）*/
18    }
19    /* CSS3 新增 [attribute^=value] 选择器，用于匹配属性值以指定值开头的每个元素 */
```

```
20    [class^="col"] {
21      float: left;
22      background-color: #e0e0e0;
23    }
24    .col1 {
25      width: 25%;
26    }
27    .col2 {
28      width: 50%;
29    }
30    @media (max-width: 768px) {
31      .row {
32        width: 100%;
33      }
34      [class^="col"] {
35        float: none;
36        width: 100%;
37      }
38    }
39    </style>
40  </head>
41  <body>
42    <div class="row">
43      <header> 页头 </header>
44    </div>
45    <div class="row">
46      <nav class="col1"> 导航 </nav>
47      <div class="col2"> 主要内容 </div>
48      <aside class="col1"> 侧边栏 </aside>
49    </div>
50    <div class="row">
51      <footer> 页尾 </footer>
52    </div>
53  </body>
54  </html>
```

上述代码中，分别定义了页头、导航、主要内容、侧边栏和页尾，其中页头和页尾无论在什么设备的浏览器中都要分别显示在网页的最上方和最下方，而中间的导航、主要内容和侧边栏要根据浏览器窗口的大小进行排列。浏览器窗口大于 768px 时，3 个模块横向排列，小于或等于 768px 时纵向排列。

（2）用浏览器打开 demo01.html，页面效果如图 5-3 所示。

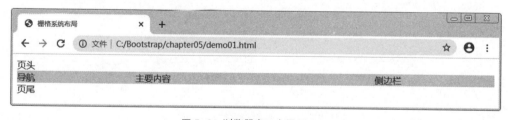

图 5-3 浏览器窗口大于 768px

（3）使用 Chrome 的开发者工具，读者可以选择任意一个移动设备来进行模拟。在这里使用 iPhone 6/7/8 设备来测试该页面，页面效果如图 5-4 所示。

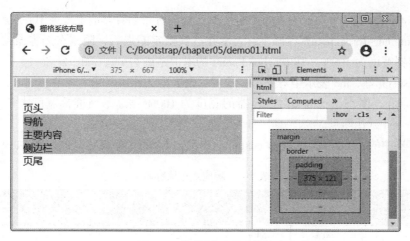

图 5-4 移动设备上显示效果

5.2 Bootstrap 布局容器

Bootstrap 需要将页面内容和栅格系统包裹在一个布局容器中。Bootstrap 提供了多个容器类，最常用的是 .container 类和 .container-fluid 类，表示对不同容器宽度的设置。本节将对 Bootstrap 中布局容器的使用方法进行讲解。

5.2.1 布局容器

容器是 Bootstrap 中最基本的布局元素，在使用默认网格系统时，容器是必需的。容器用于容纳、填充一些内容，以及使内容居中。容器中可以嵌套容器，不过大多数布局不需要嵌套容器。

在实现 Bootstrap 页面布局容器之前，需要了解设备的屏幕宽度，具体如表 5-1 所示。

表 5-1 屏幕宽度

屏幕大小	常见宽度范围
超小屏幕	$< 576px$
小屏幕	$\geqslant 576px$
中等屏幕	$\geqslant 768px$
大屏幕	$\geqslant 992px$
超大屏幕	$\geqslant 1200px$

表 5-1 中，当屏幕宽度小于 576px 时，表示超小屏幕；当屏幕宽度大于等于 576px 时，表示小屏幕；当屏幕宽度大于等于 768px 时，表示中等屏幕；当屏幕宽度大于等于 992px 时，表示大屏幕；当屏幕宽度大于等于 1200px 时，表示超大屏幕。

在第 4 章中已讲解了媒体查询的使用方法，需要使用 @media 关键字检测设备的宽度变化。在 Bootstrap 中，不需要编写媒体查询的代码，而是使用一些内置的类名来检测不同的设备的宽度。

Bootstrap 带有 3 个不同的容器，具体如下。

（1）.container 容器，它在每个响应断点处设置了一个 max-width（最大宽度）。

（2）.container-fluid 容器，它在每个响应断点处设置布局容器的宽度为 100%。

（3）.container-{breakpoint} 容器，它表示在达到指定断点后，限制布局容器的最大宽度，否则布局容器宽度为 100%。其中，breakpoint 的取值范围为 sm、md、lg 和 xl。

sm 表示小屏幕，md 表示中等屏幕，lg 表示大屏幕，xl 表示超大屏幕。例如，.container-sm 表示在屏幕宽度小于 576px 时，容器的宽度为 100% 宽度；当屏幕宽度大于等于 576px 时 .container-sm 到达断点。

每个容器中的 .container-fluid 和 .container 等类，以及每个断点之间的比较，如表 5-2 所示。

表 5-2　响应式布局容器

类	超小屏幕 < 576px	小屏幕 ≥ 576px	中等屏幕 ≥ 768px	大屏幕 ≥ 992px	超大屏幕 ≥ 1200px
.container	100%	540px	720px	960px	1140px
.container-sm	100%	540px	720px	960px	1140px
.container-md	100%	100%	720px	960px	1140px
.container-lg	100%	100%	100%	960px	1140px
.container-xl	100%	100%	100%	100%	1140px
.container-fluid	100%	100%	100%	100%	100%

表 5-2 中，除了原始容器 .container 和 .container-fluid 外，还展示了在不同断点处布局容器的宽度。例如 .container-sm，其 breakpoint 的值为 sm，表示小屏幕布局容器。同理，.container-md 表示中等屏幕布局容器，.container-lg 表示大屏幕布局容器，.container-xl 表示超大屏幕布局容器。

5.2.2　.container-fluid 类

Bootstrap 4 中的 .container-fluid 类用于在不同设备下设置 100% 宽度，它是一种占据全部视口（viewport）的容器。

为了让大家更好地学习 .container-fluid 类的使用，下面通过案例演示在不同设备宽度下页面元素的显示效果，具体实现步骤如例 5-2 所示。

【例 5-2】

（1）创建 C:\Bootstrap\chapter05\demo02.html 文件，具体代码如下。

```
1   <!DOCTYPE html>
2   <html>
3   <head>
4     <meta charset="UTF-8">
5     <meta name="viewport" content="width=device-width, initial-scale=1.0">
6     <title>Document</title>
7     <link rel="stylesheet" href="bootstrap/css/bootstrap.min.css">
8     <style>
9       div {
10        background-color: #eee;
11        font-size: 30px;
12      }
13    </style>
14  </head>
15  <body>
16    <div class="container-fluid">.container-fluid 布局容器 </div>
17  </body>
```

```
18  </html>
```

上述代码中，第 9 ～ 12 行代码设置 div 元素的背景颜色为 #eee，字体大小为 30px；第 16 行代码定义 div 元素的 class 的值为 .container-fluid。需要注意的是，在使用之前要完成 bootstrap.min.css 核心文件的引入。

（2）在浏览器中打开 demo02.html 文件，运行结果如图 5-5 所示。

图 5-5　100% 宽度

图 5-5 中，响应式布局的容器是固定宽度，当改变浏览器窗口大小时，即在超大屏幕（≥ 1200px）、大屏幕（≥ 992px）、中等屏幕（≥ 768px）、小屏幕（≥ 576px）和超小屏幕（< 576px），页面中的 div 元素的宽度始终为页面宽度的 100%。

▌▌▌ 小提示：

使用 .container 容器布局时页面两边有留白，而使用 .container-fluid 容器布局时会占用页面的整个宽度。由于 padding 等属性的影响，所以，这两种容器类不能互相嵌套。

5.2.3　.container 类

Bootstrap 4 中的 .container 类用于固定宽度并支持响应式布局的容器。.container 类的最大宽度根据移动端设备屏幕自动设置成 100%、540px、720px、960px 和 1140px。

下面通过例 5-3 演示在不同设备宽度下页面元素的显示效果。

【例 5-3】

（1）创建 C:\Bootstrap\chapter05\demo03.html 文件，具体代码如下。

```
1   <!DOCTYPE html>
2   <html>
3   <head>
4     <meta charset="UTF-8">
5     <meta name="viewport" content="width=device-width, initial-scale=1.0">
6     <title>Document</title>
7     <link rel="stylesheet" href="bootstrap/css/bootstrap.min.css">
8   </head>
9   <style>
10    div {
11      background-color: #eee;
12      font-size: 30px;
13      }
14  </style>
15  <body>
16    <div class="container">.container 类设置布局容器 </div>
17  </body>
18  </html>
```

上述代码中，第 7 行代码使用 link 引入 bootstrap.min.css 核心文件，其中，href 属性的值为本地文件路径 "bootstrap/css/bootstrap.min.css"；第 10 ～ 13 行代码定义 div 元素的背景颜色为 #eee，字体大小为 30px；第 16 行代码定义类名为 container 的 div 元素，内容为 ".container

类设置布局容器"。

（2）在浏览器中打开 demo03.html 文件，当浏览器窗口宽度大于等于 1200px 时，运行结果如图 5-6 所示。

图 5-6　容器宽度为 1140px

（3）调整浏览器窗口的宽度，当大于等于 992px 时，运行结果如图 5-7 所示。

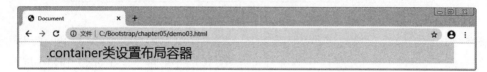

图 5-7　容器宽度为 960px

（4）调整浏览器窗口的宽度，当大于等于 768px 时，运行结果如图 5-8 所示。

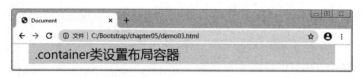

图 5-8　容器宽度为 720px

（5）调整浏览器窗口的宽度，当大于等于 576px 时，运行结果如图 5-9 所示。

图 5-9　容器宽度为 540px

（6）调整浏览器窗口的宽度，当小于 576px 时，运行结果如图 5-10 所示。

图 5-10　容器宽度为 100%

5.3　栅格系统的基本使用

5.3.1　栅格系统的行和列

Bootstrap 栅格系统用于将页面布局划分为等宽的列。随着屏幕或视口尺寸的增加，系统会自动分为 1 ～ 12 列。

　　栅格系统用于通过一系列的行（row）与列（column）的组合来创建页面布局。开发者可以将内容放入这些创建好的布局中，然后通过列数的定义来模块化页面布局。

　　与流式布局和弹性盒布局不同的是，栅格系统通过一系列的行（row）与列（column）的组合来创建页面布局，页面的内容可以放入这些创建好的布局容器中，并且会根据父元素盒子（布局容器）尺寸的大小进行适当调节，从而达到响应式页面布局的效果。

　　Bootstrap 栅格系统的基本使用方式如下。

　　（1）Bootstrap 栅格系统为不同屏幕宽度定义了不同的类，使用非常方便，直接为元素添加类名即可。

　　（2）行（row）必须包含在布局容器 .container 类或 .container-fluid 类中，以便为其赋予合适的排列（alignment）和内补（padding）。

　　（3）通过行（row）可以在水平方向创建一组列（column），并且只有列（column）可以作为行（row）的直接子元素。例如，可以使用 3 个类名为 col-xs-4 的 div 元素来创建 3 个等宽的列。

　　（4）行（row）使用类名 row 定义，列（column）使用类名 col-* 和 col-*-* 定义，内容应当放置于列内，列大于 12 时，将会另起一行排列。

　　需要注意的是，Bootstrap 栅格系统包含了易于使用的预定义类，还有强大的 mixin 用于生成更具语义的布局，读者可以查看官方文档进行学习。

5.3.2　学生信息表格案例

　　在使用栅格布局时，首先需要在布局容器中创建一个类名为 row 的 div 元素作为行，然后在行的容器内部创建列。布局容器中的行和列就构成了栅格系统。栅格系统中的行和列类似于表格中的行和列。

　　为了帮助读者更好地理解行和列的使用方法。下面通过学生信息表格来帮助读者理解栅格系统中的行和列。例如，图 5-11 就是一个 2 行 3 列的学生信息表格。

姓名	年龄	性别
张三	29	男

图 5-11　学生信息表格

　　下面通过案例演示学生信息表格的制作过程，具体实现步骤如例 5-4 所示。

【例 5-4】

　　（1）创建 C:\Bootstrap\chapter05\demo04.html 文件，创建学生信息表格的行，具体代码如下。

```
1   <!DOCTYPE html>
2   <html>
3   <head>
4     <meta charset="UTF-8">
5     <meta name="viewport" content="width=device-width, initial-scale=1.0">
6     <title>Document</title>
7     <link rel="stylesheet" href="bootstrap/css/bootstrap.min.css">
8     <style>
9     .row {
10      background-color: #eee;
```

```
11        font-size: 30px;
12      }
13    </style>
14  </head>
15  <body>
16    <!-- 定义外部 .container 容器 -->
17    <div class="container">
18      <!-- 在容器内部定义行（row）-->
19      <div class="row">
20        此处编写学生表格第一行中的信息
21      </div>
22      <div class="row">
23        此处编写学生表格第二行中的信息
24      </div>
25    </div>
26  </body>
27  </html>
```

上述代码中，第 9 ～ 12 行代码定义类名为 row 的 div 元素样式，背景颜色为 #eee，字体大小为 30px；第 17 ～ 19 行代码定义类名为 container 的布局容器，在布局容器中定义类名为 row 的行。

（2）在浏览器中打开 demo04.html 文件，运行结果如图 5-12 所示。

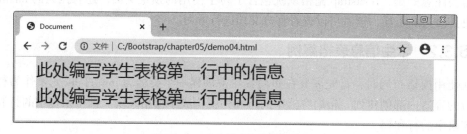

图 5-12   定义学生信息表格的行

图 5-12 中，展示了学生表格信息中的"第一行"和"第二行"。

需要说明的是，如果在 div.container 的父容器中定义了类名为 row 的行元素，那么行元素可以去除父容器左右为 15px 的内边距值。

（3）在完成行的定义后，下面讲解如何在行中定义学生信息表格的列。在 demo04.html 文件中的第 12 行代码的后面添加如下代码。

```
.col-md-4 {
  border: 1px solid #fff;
  text-align: center;
}
```

上述代码设置了行中每一列的边框大小为 1px，边框为白色实线，内容居中显示。关于类名 col-md-* 将在后面的内容中进行讲解。

（4）在 demo04.html 文件中的类名为 row 的 div 元素中分别添加如下代码。

```
<!-- 在第 1 行中添加 -->
<div class="col-md-4">姓名</div>
<div class="col-md-4">年龄</div>
<div class="col-md-4">性别</div>
<!-- 在第 2 行中添加 -->
<div class="col-md-4">张三</div>
<div class="col-md-4">29</div>
<div class="col-md-4">男</div>
```

上述代码中，定义类名为 col-md-4 的 div 元素，其中 col 表示列，md 表示中等屏幕设备，每一列占 4 份。

（5）在浏览器中刷新浏览器的页面，运行结果如图 5-13 所示。

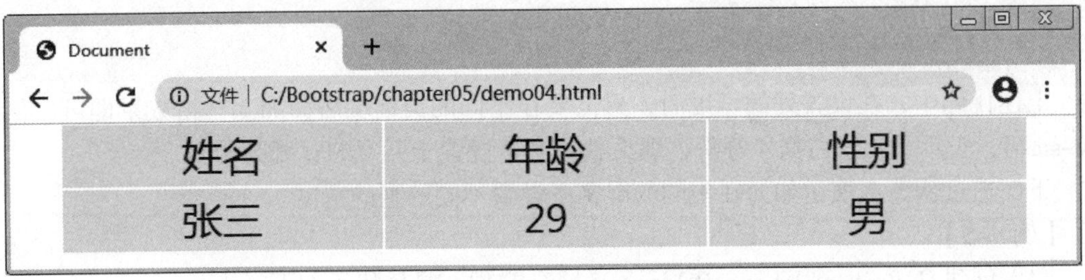

图 5-13　2 行 3 列的学生信息表格

图 5-13 中，成功展示了 2 行 3 列的学生信息表格。需要注意的是，每一列默认左右有 15px 的 padding 值，读者可以在浏览器中查看。

5.4　栅格系统的屏幕适配

5.4.1　栅格系统的类前缀

栅格系统提供了基本的前缀，用于在不同宽度的屏幕中实现不同的排列方式，具体类前缀如表 5-3 所示。

表 5-3　栅格系统的类前缀

	超小屏幕 <576px	小屏幕 ≥ 576px	中等屏幕 ≥ 768px	大屏幕 ≥ 992px	超大屏幕 ≥ 1200px
.container 最大容器宽度	自动（100%）	540px	720px	960px	1140px
类前缀	.col-	.col-sm-	.col-md-	.col-lg-	.col-xl-

表 5-3 中，.container 其实就是前面内容中讲到的布局容器预定义类，类前缀主要包括 .col-、.col-sm-、.col-md-、.col-lg- 和 .col-xl-。其中，col 是 column 的简写，表示列；.col- 表示在超小屏幕中定义列时使用的类前缀；.col-sm- 表示在小屏幕中定义列时使用的类前缀；.col-md- 表示在中等屏幕中定义列时使用的类前缀。布局容器默认划分的列数为 12。此外，Bootstrap 栅格系统还支持列的嵌套和排序。

列的类名可以写多个，也就是可以同时设置 .col-*、.col-sm-*、.col-md-*、.col-lg-* 和 .col-xl-* 类。当同时使用这些类的时候，它会根据当前屏幕的大小来使相应的类生效，实现在不同屏幕下展示不同的页面结构。

5.4.2　使用类前缀设置列的宽度

在前面的内容中讲解了类前缀的基本概念，我们知道不同的类前缀代表不同的屏幕设备。由于栅格系统就是默认将父元素分成 12 等份，所以可根据占据的份数来设置子元素的宽度，下面主要讲解如何通过类前缀设置每列的宽度。

使用类前缀设置列的宽度的基本语法如下。

```
col- 栅格的数量（设置超小屏幕）;
col-sm- 栅格的数量（设置小屏幕）;
col-md- 栅格的数量（设置中等屏幕）;
col-lg- 栅格的数量（设置大屏幕）;
col-xl- 栅格的数量（设置超大屏幕）;
```

上述代码中，在设置列的宽度时，只需要在不同的类前缀后面加上栅格数量即可。例如 col-sm-4，表示子元素占据 4 等份，那么就相当于设置子元素的宽度为 25%。

下面通过例 5-5 演示如何在不同的屏幕下设置不同的列的宽度。

【例 5-5】

（1）创建 C:\Bootstrap\chapter05\demo05.html 文件，具体代码如下。

```
1   <!DOCTYPE html>
2   <html>
3   <head>
4     <meta charset="UTF-8">
5     <meta name="viewport" content="width=device-width, initial-scale=1.0">
6     <title>Document</title>
7     <link rel="stylesheet" href="bootstrap/css/bootstrap.min.css">
8   </head>
9   <style>
10    .row {
11      background-color: #eee;
12    }
13    .col-sm-4 {
14      background-color: #eee;
15      border: 1px solid #fff;
16      text-align: center;
17      font-size: 30px;
18    }
19  </style>
20  <body>
21    <!-- 定义外部 .container 容器 -->
22    <div class="container">
23      <!-- 在容器内部定义行（row）-->
24      <div class="row">
25        <div class="col-sm-4 col-md-6">第一列 </div>
26        <div class="col-sm-4 col-md-6">第二列 </div>
27        <div class="col-sm-4 col-md-6">第三列 </div>
28      </div>
29    </div>
30  </body>
31  </html>
```

上述代码中，第 10 ～ 12 行代码设置类名为 row 元素的背景颜色为 #eee；第 13 ～ 18 行代码设置类名为 col-sm-4 元素的背景颜色为 #eee，边框宽 1px，边框颜色为白色，内容居中显示，字体大小为 30px；第 22 行代码定义类名为 container 的布局容器，在该布局容器中定义类名为 row 的行；第 25 ～ 27 行代码定义列，并且为每一列分别设置 col-sm-4 和 col-md-6 类名，表示在小屏幕备上每个 div 元素占 4 列，在中等屏幕上每个 div 元素占 6 列。

（2）用浏览器打开 demo05.html，运行结果如图 5-14 所示。

（3）使用鼠标拖曳，放大浏览器窗口至中等屏幕，页面网格会变成两列，如图 5-15 所示。

图 5-14　小屏幕

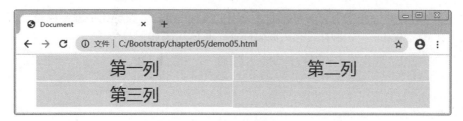

图 5-15　中等屏幕

图 5-15 所示的效果是由于浏览器窗口放大至中等屏幕（≥ 768px）时，.col-md-6 设置生效。在页面中，每个 div 的列数为 6，3 个 div 的列数就是 18，当一行的列数大于 12 时，后面的 div 会另起一行排列，所以共 2 行，第 2 行显示一个 div。

需要注意的是，这里所指的列是栅格系统的列数，不是网页上 div 的列数。当一行中的列（column）大于 12 时，多余的列所在的元素将被作为一个整体另起一行排列；如果列的栅格数量加在一起没有超过 12，则会出现空白，并在一行内显示。

5.4.3　利用栅格系统实现导航栏效果

导航栏是 Web 页面开发中常用的功能模块，当用户单击导航栏中指定标签时，就会跳转到相对应标签下的页面内容。在页面中设置导航栏不仅让页面变得美观，而且提高了用户的体验。下面讲解如何使用 Bootstrap 栅格系统快速实现导航栏的页面结构。

导航栏的实现思路是，首先定义导航栏页面结构，通过 Bootstrap 栅格系统中的 .container 设置导航栏的布局容器，在导航栏布局容器的每一行中设置不同的列数：在中等屏幕设备下，占 3 份，即每列宽度为 33.33%；在小屏幕设备下，占 12 份，即每列宽度为 100%。然后再去定义导航栏的页面样式。

下面通过案例演示导航栏的实现过程，具体实现步骤如例 5-6 所示。

【例 5-6】

（1）创建 C:\Bootstrap\chapter05\demo06.html 文件，定义页面结构，具体代码如下。

```
1   <!DOCTYPE html>
2   <html>
3   <head>
4     <meta charset="UTF-8">
5     <meta name="viewport" content="width=device-width, initial-scale=1.0">
6     <title>Document</title>
7   </head>
8   <body>
9     <div class="container">
10      <ul class="row">
11        <li class="col-md-3 col-sm-12">首页 </li>
12        <li class="col-md-3 col-sm-12">新闻资讯 </li>
13        <li class="col-md-3 col-sm-12">关于我们 </li>
```

```
14        <li class="col-md-3 col-sm-12"> 客户服务 </li>
15      </ul>
16    </div>
17  </body>
18  </html>
```

上述代码中，第 9 行代码定义类名为 container 的导航栏布局容器，使用 <ul>、<li> 无序列表结构标签定义导航栏结构，内容分别为"首页""新闻资讯""关于我们""客户服务"。并且在 <ul> 标签上定义类名 row，表示行；在 <li> 标签上定义类名为 col-md-3 和 col-sm-12，其中 col-md-3 表示中等屏幕设备下占 3 份；col-sm-12 表示在小屏幕设备下占 12 份。

（2）在 demo06.html 文件中，定义页面样式，具体代码如下。

```
1  <link rel="stylesheet" href="bootstrap/css/bootstrap.min.css">
2  <style>
3    * {
4      margin: 0;
5      padding: 0;
6    }
7    li {
8      list-style: none;
9    }
10   .row {
11     margin-bottom: 0;
12   }
13   .container {
14     background-color: #eee;
15   }
16   .col-sm-12 {
17     text-align: center;
18     padding: 10px;
19     font-size: 30px;
20   }
21   li:hover {
22     background-color: #fff;
23   }
24  </style>
```

上述代码中，第 1 行代码使用 <link> 标签引入核心文件 bootstrap.min.css 文件，其中 href 属性的值为本地文件路径 "bootstrap/css/bootstrap.min.css"；第 3 ～ 6 行代码中，"*"表示通配符选择器，获取到页面中所有的元素，并设置 margin 的值为 0，padding 的值为 0；第 7 ～ 9 行代码设置 li 元素的 list-style 为 none，去掉默认样式；第 10 ～ 12 行代码设置 .row 的 margin-bottom 底部外边距为 0；第 13 ～ 15 行代码设置 .container 的背景颜色为 #eee；第 16 ～ 20 行代码设置列中的文字居中，padding 值为 10px，字体大小 30px；第 21 ～ 23 行代码设置鼠标移入修改背景颜色为白色。

（3）在浏览器中打开 demo06.html 文件，运行结果如图 5-16 所示。

图 5-16   中等屏幕

（4）切换到手机模式（在这里选择使用 iPhone 6/7/8），运行结果如图 5-17 所示。

图 5-17　iPhone 6/7/8 模式

从图 5-17 中可以看出，导航栏中的标签会纵向排列。

在上面讲解的内容中，主要是通过栅格系统实现了简单的导航栏页面效果。为了提高开发的效率，Bootstrap 框架还提供了丰富的组件，如导航栏组件，在后面的内容中会进行详细讲解。

5.5　栅格系统中列的操作

在前面讲解的内容中，使用"类前缀 + 栅格数量"的方式就可以创建一个基本的栅格系统，所有的列（column）必须放在行（row）内。除了基本的功能外，栅格系统还可以对列进行嵌套和偏移等操作，帮助开发者提高开发的效率，本节主要讲解如何使用 Bootstrap 栅格系统实现列的嵌套和偏移等操作。

5.5.1　栅格系统中的列嵌套

栅格系统中的列可以将内容再次嵌套，简单的理解就是一个列内再分成若干小列。实现的主要思路是在现有 div.col-md-* 元素的内部，再去添加一个新的 div.row 元素和一系列的 div.col-md-* 元素。下面通过例 5-7 演示列的嵌套的实现过程。

【例 5-7】

（1）创建 C:\Bootstrap\chapter05\demo07.html 文件，具体代码如下。

```
1  <!DOCTYPE html>
2  <html>
3  <head>
4    <meta charset="UTF-8">
5    <meta name="viewport" content="width=device-width, initial-scale=1.0">
6    <link rel="stylesheet" href="bootstrap/css/bootstrap.min.css">
7    <title>Document</title>
```

```
8      <style>
9       .row > div {
10        height: 50px;
11        background-color: #eee;
12      }
13      .col-md-4 {
14        border: 1px solid #fff;
15        text-align: center;
16        line-height: 50px;
17        font-size: 30px;
18      }
19      .col-md-6 {
20        border: 1px solid #fff;
21      }
22     </style>
23   </head>
24   <body>
25     <div class="container">
26       <div class="row">
27         <div class="col-md-4">
28           <div class="row">
29             <div class="col-md-6">第一列 </div>
30             <div class="col-md-6">第二列 </div>
31           </div>
32         </div>
33         <div class="col-md-4">第二列 </div>
34         <div class="col-md-4">第三列 </div>
35       </div>
36     </div>
37   </body>
38 </html>
```

上述代码中，第 9 ～ 12 行代码定义 .row 下的 div 元素样式，其高度为 50px，背景颜色为 #eee。第 13 ～ 18 行代码定义 .col-md-4 的样式，其中，边框宽 1px，边框为白色实线，内容居中显示，行高为 50px。第 19 ～ 21 行代码定义 .col-md-6 的样式，其中，边框宽 1px，边框为白色实线。在第 25 行代码定义了类名为 container 的 div 布局容器；第 27 ～ 34 行代码在类名为 row 的行元素内部定义了 3 个类名为 col-md-4 的 div 元素，表示列，其中，第 28 行代码在第一个列元素内部嵌套了一个类名为 row 的新元素，定义行；第 29 ～ 30 行代码在嵌套的 row 行中定义了 2 个类名为 col-md-6 的元素，表示列。

需要说明的是，在进行列嵌套时，需要在列的最外侧加上 1 个行 .row，这样就可以取消父元素 .container 的 padding 值。此时，子元素的高度自动与父元素一样高 。

（2）在浏览器中打开 demo07.html 文件，运行结果如图 5-18 所示。

图 5-18　列嵌套

在图 5-18 中，在第一列中成功嵌套了"第一列"和"第二列"两个列的内容。

5.5.2　栅格系统中的列偏移

栅格系统可以使用 .offset-md-* 类将列向右侧偏移，主要是通过使用 .offset-md-* 获取到当前元素并且增加了当前元素左侧的边距（margin）来实现的。其中，md 可以使用 sm、xl 和 lg 等替代，分别表示在不同屏幕下设置列的偏移。

为了让读者更好地理解，下面通过例 5-8 演示列偏移的实现过程。

【例 5-8】

（1）创建 C:\Bootstrap\chapter05\demo08.html 文件，具体代码如下。

```
1   <!DOCTYPE html>
2   <html>
3   <head>
4     <meta charset="UTF-8">
5     <meta name="viewport" content="width=device-width, initial-scale=1.0">
6     <link rel="stylesheet" href="bootstrap/css/bootstrap.min.css">
7     <title>Document</title>
8     <style>
9       .row div {
10        height: 50px;
11        background-color: #eee;
12         font-size: 30px;
13      }
14    </style>
15  </head>
16  <body>
17    <div class="container">
18      <!-- 偏移的份数，就是 "12 - 两个盒子的份数 = 6" -->
19      <div class="row">
20        <div class="col-md-3">左侧</div>
21        <div class="col-md-3 offset-md-6">右侧</div>
22      </div>
23    </div>
24  </body>
25  </html>
```

上述代码中，第 9 ~ 13 行代码定义 .row 下的 div 元素样式，其高度为 50px，背景颜色为 #eee，字体大小为 30px；第 17 行代码定义类名为 container 的布局容器；第 19 ~ 22 行代码在布局容器中定义类名为 row 的 div 元素，表示行，其中第 20 ~ 21 行代码在行元素中定义了 2 个类名为 col-md-3 的 div 元素，表示列。并且在第 2 个 div 元素上添加类名 offset-md-6，表示让当前列向右偏移，偏移量为 6 列。

（2）在浏览器中打开 demo08.html 文件，运行结果如图 5-19 所示。

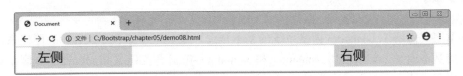

图 5-19　两端对齐

图 5-19 中，展示了两端对齐的页面效果。需要注意的是，当修改 offset-md-6 中的份数 6 时，页面效果会发生变化。当小于 6 份时，右侧盒子向左侧移动，如设置份数为 2，刷新浏览器，运行结果如图 5-20 所示。

图 5-20　右侧盒子向左侧移动

当份数大于 6 时，右侧盒子会另起一行排列。此时，右侧盒子向右的偏移量为当前的份数。当数值大于等于 12 或者小于等于 0 时，右侧盒子在同一行左侧对齐。

（3）将第（1）步的 .container 容器中的内容进行替换，具体代码如下。

```
<!-- 如果只有一个盒子，偏移 = (12 - 8) / 2 -->
<div class="row">
  <div class="col-md-8 offset-md-2">中间盒子</div>
</div>
```

上述代码中，在类名为 row 的 div 元素中添加了 1 列，并给该列添加类名 "col-md-8 offset-md-2"，其中 "offset-md-2" 表示让当前列向右侧偏移，偏移量为 2 列。

（4）刷新浏览器页面，运行结果如图 5-21 所示。

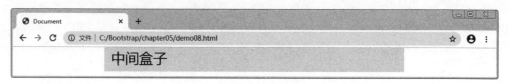

图 5-21　居中对齐

图 5-21 中，展示了中间盒子居中对齐的页面效果。需要注意的是，当修改 offset-md-2 中的份数 2 时，页面效果会发生变化，当小于 2 份时，中间盒子向左侧移动。例如，设置份数为 0，刷新浏览器，运行结果如图 5-22 所示。

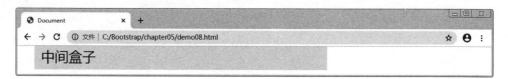

图 5-22　中间盒子向左侧移动

通过以上操作可知，当修改的份数大于 2 时，中间盒子会向右侧移动；当份数大于等于 12 或者小于等于 0 时，中间盒子居左对齐。

本章小结

本章主要讲解了 Bootstrap 栅格系统的基本概念以及其工作原理；Bootstrap 栅格系统中布局容器的基本概念；如何使用 .container 和 .container-fluid 等类定义布局容器的宽度；如何使用 .row 类和 .col-md-* 类实现学生信息表格；进一步详细地讲解了栅格系统的主要内容；如何使用栅格系统实现导航栏的页面效果；本章最后还讲解了如何使用栅格系统实现列的嵌套和偏移。

课后练习

一、填空题

1. Bootstrap 包中提供了两个容器类，分别为＿＿＿＿＿类和＿＿＿＿＿类。

2. 在开发时，要首先创建一个添加了_____类名的 div 元素作为行。

3. 在类名 col-md-4 中，_____表示列。

4. 在类名 col-md-4 中，md 表示_____。

二、判断题

1. 栅格系统英文的意思是 "Grid Systems"，即 "网格系统"，是用固定的格子进行网页布局。（　　）

2. Bootstrap 4 栅格系统是指将页面布局划分为等宽的列，随着屏幕或视口尺寸的增加，系统会自动分为 1 ～ 12 列。（　　）

3. 在 Bootstrap 4 中，当屏幕尺寸小于 768px 时，表示超小屏幕（手机）。（　　）

4. Bootstrap 4 中的 .container 类的最大宽度根据移动端设备屏幕自动设置为 100%、750px、970px 和 1170px。（　　）

5. .container 类用于设置 100% 宽度，占据全部视口（viewport）的容器。（　　）

三、选择题

1. 下列选项中，用来设置类前缀的是（　　）。

　　A．.container　　　　　　　　　B．.row

　　C．.container-fluid　　　　　　 D．col-md-*

2. 下列选项中，在 Bootstrap 4 中可以用来表示小屏幕的是（　　）。

　　A．-sm　　　　　　　　　　　　B．-ms

　　C．-md　　　　　　　　　　　　D．-xs

3. 下列选项中，在 Bootstrap 4 中可以实现在小屏幕上将一行分成 4 列效果的是（　　）。

　　A．col-lg-5　　　　　　　　　　B．col-md-3

　　C．col-sm-3　　　　　　　　　　D．col-xs-3

4. 下列选项中，在 Bootstrap 4 中可以用来表示中等屏幕的是（　　）。

　　A．.col-md-　　　　　　　　　　B．.col-sm-

　　C．.col-xs-　　　　　　　　　　D．.col-lg-

5. 下列选项中，在 Bootstrap 4 中可以用来表示大屏幕的是（　　）。

　　A．.col-sm-　　　　　　　　　　B．.col-lg-

　　C．.col-xs-　　　　　　　　　　D．.col-xl-

四、简答题

1. 请简述什么是栅格系统。

2. 请简述栅格系统所包括的选项参数。

五、编程题

请通过代码演示在中等屏幕中表格结构为 1 行 4 列；在超小屏幕中为 2 行 2 列的实现过程。

第**6**章

Bootstrap 框架常用组件

学习目标

拓展阅读

★ 了解组件的基本概念及优势

★ 掌握 Bootstrap 常用组件的使用

★ 掌握如何实现页面菜单功能

★ 掌握如何实现页面轮播图功能

项目的开发主要分为前端开发和后端开发。前端开发主要进行页面的开发。随着项目功能的不断扩展，业务逻辑会越来越复杂，要实现的页面结构也就越来越烦琐，增加了开发人员的难度。为了提高开发效率，在前端开发的技术中提出了组件的概念，通过组件可以非常方便地实现复杂的页面结构。本章主要介绍 Bootstrap 的常用组件。

6.1 组件基础

在项目开发的过程中，经常会用到组件的概念。为了更好地学习 Bootstrap 常用组件的内容，下面将对组件的基本概念和优势进行详细讲解。

6.1.1 什么是组件

组件是一个抽象的概念，是对数据和方法的简单封装。用面向对象思想来说，组件就是将一些符合某种规范的类组合在了一起，通过组件可以为用户提供某些特定的功能。简而言之，组件就是对象。

一个组件代表一个系统中实现的物理部分，是系统中一种物理的、可代替的部件，它封装了一系列可用的接口。组件类似于人们生活中的汽车发动机，不同型号的汽车可以使用同一款发动机，这样就不需要为每一台汽车生产一款发动机了。

6.1.2 组件的优势

组件就是页面中一个个独立的结构单元，是对结构的抽象，它主要以页面结构形式存在，可复用性很强。组件的使用并不复杂，每个组件拥有自己的作用域，每个组件区域之间独立工作，并且互不影响。组件可以有自己的属性和方法。不同组件之间也具有基本的交互功能，能够根据业务逻辑来实现复杂的项目功能。

组件的优势主要包括以下 5 点。

（1）组件可以复用。

（2）提高开发效率。

（3）组件是模块化的。

（4）降低代码之间的耦合程度。

（5）代码更易维护和管理。

6.1.3 Bootstrap 组件的依赖文件

Bootstrap 所提供的某些组件需要依赖 JavaScript 才能运行，具体来说，大部分组件都依赖于 jQuery、Popper.js。在使用组件前，需要引入依赖的文件。

1. 引入 Bootstrap 的核心文件

由于在使用 Bootstrap 常用组件时依赖于 Bootstrap 框架，所以，在实现组件的功能时首先需要引入 Bootstrap 核心文件，示例代码如下。

```
<link rel="stylesheet" href="bootstrap/css/bootstrap.min.css">
<script src="bootstrap/js/bootstrap.min.js"></script>
```

在上述代码中，页面结构使用的基础类名是由 bootstrap.min.css 文件提供的，引入该文件主要是用来实现页面的样式。引入 bootstrap.min.js 用于实现页面中的交互行为。

需要注意的是，Bootstrap 所提供的 bootstrap.bundle.js 和 bootstrap.bundle.min.js 文件中包含了 Popper.js，引入方式如下。

```
<script src="bootstrap/js/bootstrap.bundle.min.js"></script>
```

由于 bootstrap.bundle.js 中不包含 jQuery，所以在使用 jQuery 时，需要单独引入 jQuery 核心文件。

2. 引入 jQuery 文件

jQuery 是一个快速、简洁的 JavaScript 库，其设计宗旨是 "write less，do more"，倡导用更少的代码，做更多的事情。

在使用 jQuery 时，首先从 jQuery 的官方网站中获取最新版本的 jQuery 文件。将 jQuery 文件下载后，在 HTML 中使用 <script> 标签引入即可。

```
<!-- 方式 1：引入本地下载的 jQuery -->
<script src="jquery-3.2.1.min.js"></script>
```

另外，一些 CDN（Content Delivery Network，内容分发网络）也提供了 jQuery 文件，可以无须下载直接引入。

```
<!-- 方式 2：通过 CDN（内容分发网络）引入 jQuery -->
<script src="https://code.jquery.com/jquery-3.2.1.min.js"></script>
```

6.2 Bootstrap 常用组件

Bootstrap 常用组件主要包括一些常用的页面结构，如按钮、表单、菜单和导航等。当开发人员在实现页面结构时，不需要编写复杂的样式代码，只需要使用 Bootstrap 常用组件就可以实现复杂的页面架构，下面将会讲解如何使用 Bootstrap 常用组件实现页面的结构。

6.2.1　引入依赖文件

在实现静态的页面结构时，只涉及结构和样式问题，所以不需要使用 jQuery、bootstrap.min.js 等 JavaScript 文件。为了实现下面 Bootstrap 常用组件的页面结构，首先引入 bootstrap.min.css 文件，具体代码如下。

```
<link rel="stylesheet" href="bootstrap/css/bootstrap.min.css">
```

上述代码中，使用 <link> 标签引入 bootstrap.min.css 核心文件，设置 <link> 标签的 href 属性的值为本地文件路径。

6.2.2　按钮

按钮是页面中常用的组成部分，当用户单击了页面中的按钮后，可以根据不同的按钮设置实现不同的功能。例如，当用户单击页面中的登录按钮时，页面会跳转到登录成功后的页面。

Bootstrap 中包含了几个预定义的按钮样式，每个样式都有自己的语义用途，并附带了一些额外的功能以获得更多的控制。

下面通过例 6–1 演示 Bootstrap 中按钮的实现方式。

【例 6–1】

创建 C:\Bootstrap\chapter06\demo01.html 文件，具体代码如下。

```
1  <!DOCTYPE html>
2  <html>
3  <head>
4    <meta charset="UTF-8">
5    <meta name="viewport" content="width=device-width, initial-scale=1.0">
6    <title>Document</title>
7    <link rel="stylesheet" href="bootstrap/css/bootstrap.min.css">
8  </head>
9  <body>
10   <button type="button" class="btn btn-primary">主按钮</button>
11  </body>
12  </html>
```

上述代码中，第 7 行代码引入 bootstrap.min.css 核心文件；第 10 行代码定义按钮结构，设置按钮的 type 属性值为 button，表示按钮；设置按钮的类名为 btn 和 btn–primary，表示在 btn 类名的基础上添加 btn–primary 类名，主要是用来实现主按钮的结构样式。

在浏览器中打开 demo01.html 文件，运行结果如图 6–1 所示。

图 6–1　主按钮

需要注意的是，设置按钮的类名除了 btn–primary 之外，还包括 btn–secondary、btn–success 和 btn–danger 等类名，分别实现不同的按钮样式效果，但是它们的实现方式相同。

在定义按钮时，除了设置按钮基本的样式外，Bootstrap 框架还提供了一些特定的类名。通过这些类名可以设置自定义按钮的大小、状态等。

1. 禁用文本换行

在实现按钮的样式时，如果按钮中的文本内容超出了按钮的宽度，默认情况下，按钮中的内容会自动换行排列，如果不希望按钮文本换行，可以在按钮中添加 .text-nowrap 类。修改 demo01.html 代码，具体代码如下。

```
1   <head>
2     <style>
3     button {
4       width: 100px;
5     }
6     </style>
7   </head>
8   <body>
9     <button type="button" class="btn btn-primary">主按钮主按钮主按钮</button>
10  </body>
```

上述代码中，第 4 行代码定义按钮的宽度为 100px；第 9 行代码定义按钮内容，并且让按钮中的文本内容超出按钮设置的宽度。

刷新浏览器页面，运行结果如图 6-2 所示。

图 6-2　初始页面

修改 demo01.html 中的代码，具体代码如下。

```
<button type="button" class="btn btn-primary text-nowrap">
  主按钮主按钮主按钮
</button>
```

上述代码中，为按钮添加了 text-nowrap 类名，表示禁止文本换行。

刷新浏览器页面，运行结果如图 6-3 所示。

图 6-3　禁止文本换行

需要注意的是，在默认情况下，当内容超出按钮的宽度时，按钮中的文本内容会自动换行，不需要手动添加 text-wrap 类名。

2. 设置按钮的大小

在 Bootstrap 中，除了可以直接设置禁止文本换行外，还可以通过类名调节按钮的大小。修改 demo01.html 代码，具体代码如下。

```
<button type="button" class="btn btn-primary btn-lg">主按钮</button>
<button type="button" class="btn btn-primary btn-sm">主按钮</button>
```

上述代码中，分别为按钮添加 btn-lg 和 btn-sm 类名，其中，btn-lg 表示大按钮，btn-sm 表示小按钮。

刷新浏览器页面，运行结果如图 6-4 所示。

图 6-4　设置按钮大小

6.2.3　导航

在前面讲解的内容中，已通过 Bootstrap 栅格系统实现了导航栏的页面结构，在实现时主要用到了布局容器、列等类名。为了更加方便地实现页面中导航栏的页面结构，Bootstrap 还提供了实现导航栏的组件，使用起来非常方便。下面通过例 6-2 演示导航栏的实现方式。

【例 6-2】

创建 C:\Bootstrap\chapter06\demo02.html 文件，具体代码如下。

```
1   <!DOCTYPE html>
2   <html>
3   <head>
4     <meta charset="UTF-8">
5     <meta name="viewport" content="width=device-width, initial-scale=1.0">
6     <title>Document</title>
7     <link rel="stylesheet" href="bootstrap/css/bootstrap.min.css">
8   </head>
9   <body>
10    <!-- 导航 -->
11    <ul class="nav">
12      <li class="nav-item">
13        <a class="nav-link" href="#">首页 </a>
14      </li>
15      <li class="nav-item">
16        <a class="nav-link" href="#">简介 </a>
17      </li>
18      <li class="nav-item">
19        <a class="nav-link" href="#">详情 </a>
20      </li>
21      <li class="nav-item">
22        <a class="nav-link disabled" href="#" tabindex="-1" aria-disabled="true">联系电话 </a>
23      </li>
24    </ul>
25  </body>
26  </html>
```

上述代码中，第 7 行代码引入 bootstrap.min.css 文件；第 11 行代码定义类名为 nav 的 ul 元素，表示导航栏的最外层盒子；第 12 ～ 23 行代码在 ul 元素的内部定义类名为 nav-item 的 li 元素，表示导航栏中的导航列表，并在每一个 li 元素的内部定义类名为 nav-link 的 <a> 标签，表示导航标签中的内容。

在浏览器中打开 demo02.html 文件，运行结果如图 6-5 所示。

图 6-5　导航

多学一招：aria-*屏幕阅读器语义信息

aria-disabled 表示自定义模拟控件的禁用状态，true 表示当前是非激活状态；false 表示清除非激活状态。除了 aria-disabled 外，还有 aria-hidden、aria-label 和 aria-current 等。其中，aria-label 表示组件不包含任何文本内容。如组件内部只包含了一个图标，应当添加 aria-label 属性来表示这个组件的意图，这样就能让残障人士使用的辅助设备知道这不是文本。读者可以查阅资料自行学习。

6.2.4　面包屑导航

在前面的内容中实现了传统导航的页面结构，不能展示出当前页在导航层次结构中的位置。Bootstrap 常用组件提供了面包屑导航的概念，通过为导航层次结构自动添加分隔符来实现面包屑导航的页面效果。

本案例的具体实现步骤如例 6-3 所示。

【例 6-3】

创建 C:\Bootstrap\chapter06\demo03.html 文件，具体代码如下。

```
1   <!DOCTYPE html>
2   <html>
3   <head>
4     <meta charset="UTF-8">
5     <meta name="viewport" content="width=device-width, initial-scale=1.0">
6     <title>Document</title>
7     <link rel="stylesheet" href="bootstrap/css/bootstrap.min.css">
8   </head>
9   <body>
10  <!-- 面包屑导航 -->
11  <nav aria-label="breadcrumb">
12    <ol class="breadcrumb">
13      <li class="breadcrumb-item active" aria-current="page">首页 </li>
14    </ol>
15  </nav>
16  <nav aria-label="breadcrumb">
17    <ol class="breadcrumb">
18      <li class="breadcrumb-item"><a href="#">首页 </a></li>
19      <li class="breadcrumb-item active" aria-current="page">简介 </li>
20    </ol>
21  </nav>
22  </body>
23  </html>
```

上述代码中，第 7 行代码引入 bootstrap.min.css 文件。第 11 ～ 15 行代码定义 nav 元素，并设置 aria-label 属性值为 breadcrumb，表示面包屑导航。在 nav 中定义类名为 breadcrumb 的 ol 有序列表，在 ol 元素中定义类名为 breadcrumb-item 的 li 元素，并且在 li 元素的类名中添加 active 类名，表示处于活动状态；在 li 元素中定义导航路径中的内容；设置 aria-current

属性的值为 page，表示当前页面位置。第 16 ～ 21 行代码新定义了一个面包屑导航，其中第 18 行代码是在第一个面包屑导航结构的基础上修改了第 13 行代码，在 li 元素内部给文本新增了一个 <a> 链接，同时新添加了第 19 行代码内容，并且将首页中的 active 类名添加到了简介中去。

在浏览器中打开 demo03.html 文件，运行结果如图 6-6 所示。

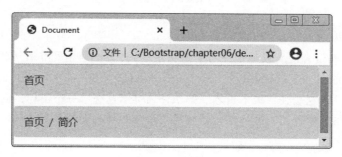

图 6-6　面包屑导航

6.2.5　分页

在前端页面开发的过程中，经常会使用到分页器功能，分页器功能可帮助用户快速跳转到指定页码的页面，当用户想要打开指定页面时，不需要用户多次操作，实现了一步到位的效果，提高了用户的使用体验。

下面通过例 6-4 演示 Bootstrap 中的分页器的实现方式。

【例 6-4】

创建 C:\Bootstrap\chapter06\demo04.html 文件，具体代码如下。

```
1   <!DOCTYPE html>
2   <html>
3   <head>
4     <meta charset="UTF-8">
5     <meta name="viewport" content="width=device-width, initial-scale=1.0">
6     <title>Document</title>
7     <link rel="stylesheet" href="bootstrap/css/bootstrap.min.css">
8   </head>
9   <body>
10    <nav aria-label="Page navigation example">
11      <ul class="pagination">
12        <li class="page-item">
13          <a class="page-link" href="#" aria-label="Previous">
14            <span aria-hidden="true">&laquo;</span>
15          </a>
16        </li>
17        <li class="page-item"><a class="page-link" href="#">1</a></li>
18        <li class="page-item"><a class="page-link" href="#">2</a></li>
19        <li class="page-item"><a class="page-link" href="#">3</a></li>
20        <li class="page-item"><a class="page-link" href="#">4</a></li>
21        <li class="page-item"><a class="page-link" href="#">5</a></li>
22        <li class="page-item"><a class="page-link" href="#">6</a></li>
23        <li class="page-item"><a class="page-link" href="#">7</a></li>
24        <li class="page-item">
25          <a class="page-link" href="#" aria-label="Next">
26            <span aria-hidden="true">&raquo;</span>
27          </a>
```

```
28        </li>
29      </ul>
30    </nav>
31  </body>
32  </html>
```

上述代码中，第 7 行代码引入 bootstrap.min.css 文件；第 10 行代码设置 nav 元素的 aria-label 属性的值为 Page navigation example，表示分页器模块；第 11 行代码在 nav 中定义类名为 pagination 的 ul 元素，表示分页器模块的最外层盒子；第 12 ～ 28 行代码在 ul 元素的内部定义多个类名为 page-item 的 li 元素，表示分页器列表，并且在每一项内容中定义类名为 page-link 的 <a> 标签，表示页码标签，在 <a> 标签中添加数字内容，表示页码。其中，在第一个 <a> 标签中定义 aria-label 属性的值为 Previous，表示上一页，并且添加 "<<" 符号，即 &laquo ；在最后一个 <a> 标签中定义 aria-label 属性的值为 Next，表示下一页，并且添加 ">>" 符号，即 &raquo。

在浏览器中打开 demo04.html 文件，运行结果如图 6-7 所示。

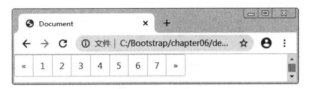

图 6-7　分页器

6.2.6　列表

在学习 Bootstrap 常用组件之前，为了实现列表页面结构，首先需要编写列表结构，然后根据列表结构的样式需求编写烦琐的 CSS 代码。为了提高开发的效率，在 Bootstrap 中可以直接通过列表组件来实现列表页面结构。

下面通过例 6-5 演示列表页面结构的实现方式。

【例 6-5】

创建 C:\Bootstrap\chapter06\demo05.html 文件，具体代码如下。

```
1   <!DOCTYPE html>
2   <html>
3   <head>
4     <meta charset="UTF-8">
5     <meta name="viewport" content="width=device-width, initial-scale=1.0">
6     <title>Document</title>
7     <link rel="stylesheet" href="bootstrap/css/bootstrap.min.css">
8   </head>
9   <body>
10    <!-- 列表组 -->
11    <ul class="list-group">
12      <li class="list-group-item active">列表1</li>
13      <li class="list-group-item">列表2</li>
14      <li class="list-group-item">列表3</li>
15      <li class="list-group-item">列表4</li>
16      <li class="list-group-item">列表5</li>
17    </ul>
18  </body>
19  </html>
```

上述代码中，第 7 行代码引入 bootstrap.min.css 文件；第 11 行代码通过 ul 实现无序列表结构，并且为 ul 元素定义 list-group 类名，表示列表组；第 12 ～ 16 行代码在 ul 元素中定义 li 元素，然后为每一个 li 元素添加 list-group-item 类名，表示列表中的每一项，并且为第一个 li 元素设置 active 类名，表示处于选中状态。

在浏览器中打开 demo05.html，运行结果如图 6-8 所示。

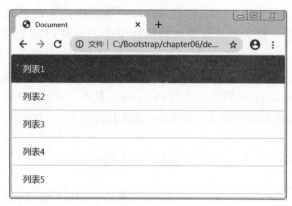

图 6-8　列表

6.2.7　表单

在前端页面开发的过程中，除了导航、列表和按钮等页面结构外，表单也是页面结构中重要的组成部分。表单主要包括 form、button 和 input 等元素，通过在 form 元素中定义 input 和 button 等元素来实现表单页面结构。

Bootstrap 提供了实现表单的组件，可以很方便地实现表单页面结构，下面通过例 6-6 演示表单页面结构的实现方式。

【例 6-6】

创建 C:\Bootstrap\chapter06\demo06.html 文件，具体代码如下。

```
1   <!DOCTYPE html>
2   <html>
3   <head>
4     <meta charset="UTF-8">
5     <meta name="viewport" content="width=device-width, initial-scale=1.0">
6     <title>Document</title>
7     <link rel="stylesheet" href="bootstrap/css/bootstrap.min.css">
8   </head>
9   <body>
10    <!-- 表单 -->
11    <form action="#">
12      <div class="form-group">
13        <label for="User">用户名 </label>
14        <input type="text" class="form-control" id="User">
15        <label for="Password">密码 </label>
16        <input type="password" class="form-control" id="Password">
17        <label for="Email1">邮箱地址 </label>
18        <input type="email" class="form-control" id="Email1">
19      </div>
20      <button type="submit" class="btn btn-primary">提交 </button>
21    </form>
22  </body>
23  </html>
```

上述代码中，第 7 行代码引入 bootstrap.min.css 文件；第 11 行代码定义 form 表单结构；第 12 行代码在 form 中定义类名为 form-group 的 div 元素，表示表单组合元素；第 13 ~ 18 行代码在 div.form-group 元素中定义类名为 form-control 的 input 元素。.form-control 是一个样式类，用于统一格式，可用 .form-control 样式进行处理优化，包括常规外观、focus 选（点）中状态和尺寸大小等。定义输入框的 id 值为 User，并且与 for 属性值为 User 的 <label> 标签进行绑定；定义 type 的值为 text，表示输入文本格式的内容。同理，实现表单页面结构中的密码框和邮箱地址。与用户名不同的是，密码框的 type 属性为 password，用来定义密码字段，字段中的字符会被遮蔽；而邮箱地址的 type 属性为 email，用来定义 email 地址的文本字段。

在浏览器中打开 demo06.html 文件，运行结果如图 6-9 所示。

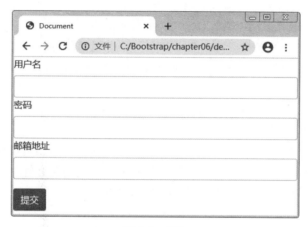

图 6-9　表单

6.2.8　按钮组

在前面讲解的内容中，学习了单个按钮的实现方式，但是不能实现多个按钮页面结构，为了实现多个按钮页面结构，Bootstrap 提供了按钮组的功能，按钮组就是将多个按钮放在一个类名为 btn-group 的父元素中，下面通过例 6-7 演示按钮组的实现方式。

【例 6-7】

创建 C:\Bootstrap\chapter06\demo07.html 文件，具体代码如下。

```
1  <!DOCTYPE html>
2  <html>
3  <head>
4    <meta charset="UTF-8">
5    <meta name="viewport" content="width=device-width, initial-scale=1.0">
6    <title>Document</title>
7    <link rel="stylesheet" href="bootstrap/css/bootstrap.min.css">
8  </head>
9  <body>
10   <div class="btn-group" role="group">
11     <button type="button" class="btn btn-primary">按钮 1</button>
12     <button type="button" class="btn btn-secondary">按钮 2</button>
13     <button type="button" class="btn btn-success">按钮 3</button>
14   </div>
15 </body>
16 </html>
```

上述代码中，第 7 行代码引入 bootstrap.min.css 文件；第 10 行代码定义类名为 btn-group

的 div 元素，表示按钮组，设置 role 的值为 group，表示角色属性；第 11 ～ 13 行代码分别使用类名 btn-primary、btn-secondary 和 btn-success 定义了 3 个按钮。

在浏览器中打开 demo07.html 文件，运行结果如图 6-10 所示。

图 6-10　按钮组

┃┃┃ 多学一招：role角色属性

role 是 HTML5 的标签属性，可以用于标识一个普通的标签，使之语义化，方便浏览器对其具体功能进行识别。简单地说，role 是为了让一些特定的浏览工具（如盲文浏览工具）识别。

6.2.9　输入框组

除了按钮组页面结构外，Bootstrap 常用组件还提供了输入框组的组件，用来实现多个输入框的页面结构，主要实现思路是将多个输入框页面结构定义在类名为 input-group 的父元素中。下面通过例 6-8 演示输入框组页面结构的实现方式。

【例 6-8】

创建 C:\Bootstrap\chapter06\demo08.html 文件，具体代码如下。

```
1   <!DOCTYPE html>
2   <html>
3   <head>
4     <meta charset="UTF-8">
5     <meta name="viewport" content="width=device-width, initial-scale=1.0">
6     <title>Document</title>
7     <link rel="stylesheet" href="bootstrap/css/bootstrap.min.css">
8   </head>
9   <body>
10    <!-- 输入框组 -->
11    <div class="input-group mb-3">
12      <div class="input-group-prepend">
13        <span class="input-group-text">姓名</span>
14      </div>
15      <input type="text" class="form-control" placeholder="请输入姓名">
16    </div>
17    <!-- 家庭住址 -->
18    <div class="input-group mb-3">
19      <div class="input-group-prepend">
20        <span class="input-group-text" id="basic-addon1">家庭住址</span>
21      </div>
22      <input type="text" class="form-control">
23      <div class="input-group-prepend">
24        <span class="input-group-text">省</span>
25      </div>
26      <input type="text" class="form-control">
27      <div class="input-group-prepend">
28        <span class="input-group-text">市</span>
```

```
29        </div>
30        <input type="text" class="form-control">
31        <div class="input-group-prepend">
32          <span class="input-group-text">区</span>
33        </div>
34      </div>
35      <!-- 个人简介 -->
36      <div class="input-group">
37        <div class="input-group-prepend">
38          <span class="input-group-text">个人简介</span>
39        </div>
40        <textarea class="form-control"></textarea>
41      </div>
42    </body>
43    </html>
```

上述代码中，第 7 行代码引入 bootstrap.min.css 文件；第 11 行代码定义类名为 input-group 的 div 元素，表示输入框组，并且添加 mb-3 类名定义输入框组的下边距；第 12 ～ 14 行代码在 div.input-group 元素中定义类名为 input-group-prepend 的 div 元素，并且在 div.input-group-prepend 元素中定义类名为 input-group-text 的 span 元素，表示在输入框的位置插入的文本内容；第 15 行代码定义 input 文本输入框，并设置其 placeholder 属性为"请输入姓名"。同理，实现输入家庭地址信息和个人简介的页面结构，其中在实现个人简介页面结构时，可以通过 <textarea> 标签来实现用户内容的输入。

在浏览器中打开 demo08.html 文件，运行结果如图 6-11 所示。

图 6-11　输入框组

6.3　Bootstrap 实现菜单功能

在前端页面开发的过程中，除了实现基本的页面结构外，还需要实现页面中的用户交互效果，如折叠菜单和下拉菜单等页面功能模块。在学习 Bootstrap 常用组件之前，需要编写 JavaScript 代码来实现页面的交互行为，这种方式存在开发效率低、不易维护等问题。因此，Bootstrap 常用组件提供了各种菜单的功能。

6.3.1　引入依赖文件

在学习了前面讲解的内容后可知，Bootstrap 中的一些组件是需要 JavaScript 才能运行的。

所以，在实现折叠菜单和下拉菜单之前，应首先引入核心文件。

引入核心文件的具体代码如下。

```
<link rel="stylesheet" href="bootstrap/css/bootstrap.min.css">
<script src="jquery-3.2.1.min.js"></script>
<script src="bootstrap/js/popper.min.js"></script>
<script src="bootstrap/js/bootstrap.min.js"></script>
```

上述代码中，<script> 标签放到页面中的 <body> 标签之前，在 JavaScript 加载完成后就可以使用了，并且可实现页面中的折叠菜单和下拉菜单功能。

需要注意的是，jQuery 必须排在第一位，然后在 jQuery 的下面引入 popper.min.js 和 bootstrap.min.js 插件。

6.3.2　折叠菜单

折叠菜单是前端页面中常用的功能模块，例如通过折叠菜单实现商品信息的展示与隐藏等。折叠菜单功能的实现思路很简单，当用户单击页面中选项菜单时，页面会展示当前选项下的内容信息；当再次单击选项菜单时，页面会自动隐藏当前选项下的内容信息。

下面通过例 6-9 演示折叠菜单的实现方式。

【例 6-9】

创建 C:\Bootstrap\chapter06\demo09.html 文件，具体代码如下。

```
1   <!DOCTYPE html>
2   <html>
3   <head>
4     <meta charset="UTF-8">
5     <meta name="viewport" content="width=device-width, initial-scale=1.0">
6     <title>Document</title>
7     <link rel="stylesheet" href="bootstrap/css/bootstrap.min.css">
8     <script src="jquery-3.2.1.min.js"></script>
9     <script src="bootstrap/js/bootstrap.min.js"></script>
10  </head>
11  <body>
12    <!-- a 超链接方式 -->
13    <a class="btn btn-primary" data-toggle="collapse" href="#collapseExample">
14      折叠菜单
15    </a>
16    <!-- 手机详细信息 -->
17    <div class="collapse" id="collapseExample">
18      <div class="card card-body">
19        折叠菜单第 1 项
20      </div>
21      <div class="card card-body">
22        折叠菜单第 2 项
23      </div>
24      <div class="card card-body">
25        折叠菜单第 3 项
26      </div>
27    </div>
28  </body>
29  </html>
```

上述代码中，第 7 行代码引入 bootstrap.min.css 文件。第 8 行代码引入 jquery-3.2.1.min.js 文件。第 9 行代码引入 bootstrap.min.js 文件。第 13 ～ 15 行代码定义 <a> 标签，并设置 data-toggle 属性值为 collapse，表示折叠菜单；设置 href 的属性值为 #collapseExample，即 hash 值，

表示与 id 值为"collapseExample"的页面结构绑定。第 17 ～ 27 行代码定义类名为 collapse 的 div 元素，表示要折叠的内容信息，定义 id 的值为 collapseExample。在 div.collapse 元素内部定义类名为 card、card-body 的 div 元素，表示折叠菜单中卡片中的内容信息。

在浏览器中打开 demo09.html 文件，运行结果如图 6-12 所示。

图 6-12　初始页面

单击"折叠菜单"按钮，页面效果图如图 6-13 所示。

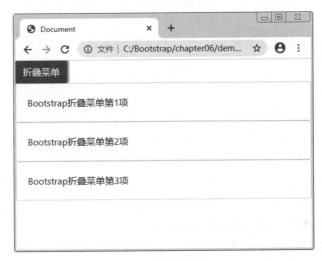

图 6-13　展开菜单

修改 demo09.html，具体代码如下。

```
<!-- 按钮方式 -->
<button class="btn btn-primary" type="button" data-toggle="collapse" data-target="#collapseExample">
    折叠菜单
</button>
```

上述代码中，将 demo09.html 中的 <a> 标签修改为 <button> 标签，然后将 href 修改为 data-target，并设置 data-target 的值为 #collapseExample，同样可以实现折叠菜单的页面功能。

6.3.3　下拉菜单

在前端页面开发的过程中，除了折叠菜单的功能外，有时还需要实现下拉菜单的功能，下拉菜单的功能与折叠菜单的实现方式类似。下拉菜单的实现思路是当用户单击页面中选项按钮时，页面会展示当前选项下的菜单选项，当用户再次单击页面中的该选项按钮时，页面会自动隐藏当前选项按钮下的菜单选项。Bootstrap 中提供了下拉菜单的功能，下面通过例 6-10 演示下拉菜单的实现方式。

【例 6-10】

创建 C:\Bootstrap\chapter06\demo10.html 文件，具体代码如下。

```
1   <!DOCTYPE html>
2   <html>
3   <head>
4     <meta charset="UTF-8">
5     <meta name="viewport" content="width=device-width, initial-scale=1.0">
6     <title>Document</title>
7     <link rel="stylesheet" href="bootstrap/css/bootstrap.min.css">
8     <script src="jquery-3.2.1.min.js"></script>
9     <script src="bootstrap/js/popper.min.js"></script>
10    <script src="bootstrap/js/bootstrap.min.js"></script>
11  </head>
12  <body>
13    <!-- 下拉菜单 -->
14    <div class="dropdown">
15      <button class="btn btn-secondary dropdown-toggle" type="button" id="dropdownMenuButton"
  data-toggle="dropdown">
16        菜单
17      </button>
18      <div class="dropdown-menu">
19        <a class="dropdown-item" href="#">菜单1</a>
20        <a class="dropdown-item" href="#">菜单2</a>
21        <a class="dropdown-item" href="#">菜单3</a>
22      </div>
23    </div>
24  </body>
25  </html>
```

上述代码中，在第 7～10 行代码中除了引入 bootstrap.min.css 文件、jquery-3.2.1.min. js 和 bootstrap.min.js 文件外，在实现下拉菜单功能时，还需要第 9 行代码引入 popper.min. js 文件；第 14 行代码定义了类名为 dropdown 的 div 元素，并定义下拉菜单最外层结构；第 15～17 行代码在 div.dropdown 元素中为按钮添加类名 btn、btn-secondary 和 dropdown-toggle，定义按钮的 id 属性值为 dropdownMenuButton，并设置 data-toggle 的值为 dropdown，其中 dropdown-toggle 表示向下箭头；第 18～22 行代码定义选项菜单列表，首先定义类名为 dropdown-menu 的最外层 div 元素，然后在 div.dropdown-menu 元素的内部定义类名为 dropdown-item 的 <a> 标签来实现下拉菜单列表中的每一个菜单选项。

在浏览器中打开 demo10.html，运行结果如图 6-14 和图 6-15 所示。

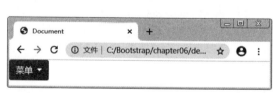

图 6-14　初始页面

图 6-15　下拉菜单效果

6.4　Bootstrap 实现轮播图功能

在前面的内容中，利用 Bootstrap 提供的组件并指定相应的类名来实现功能模块的页面结构，例如导航栏、列表、输入框组件等。除了可以实现简单的页面结构外，Bootstrap 还可以实现折叠菜单和下拉菜单功能模块中页面的交互行为。本节主要讲解如何使用 Bootstrap 实现页面中的轮播图功能。

6.4.1　什么是轮播图

在实现轮播图功能模块之前，首先应了解一下轮播图的使用场景，轮播图也是页面结构中重要的组成部分，主要用来展示页面中的活动信息。

下面展示京东商城首页的轮播图效果。在浏览器中打开京东商城，运行结果如图 6-16 所示。

图 6-16　京东商城轮播图

图 6-16 中，页面中间的一大块图片区域，就是轮播图的页面效果，读者可以在浏览器中自行体验。

6.4.2　轮播图的功能分析

轮播图可以实现页面中活动信息的自动、手动切换等功能。轮播图功能实现的思路：当鼠标指针移动到图片上时，活动信息停止自动切换；当用户单击图片上的左侧按钮时，可以让图片切换到上一张；当用户单击图片上的右侧按钮时，可以让图片信息切换到下一张；在图片的下方是轮播图指示器，可以显示当前图片信息的展示状态；当鼠标指针移出图片时，图片信息停止自动切换。

在学习使用 Bootstrap 实现轮播图页面效果之前，使用 JavaScript 和 jQuery 也可以实现轮播图的页面效果，但较烦琐。为了更加方便地实现轮播图页面效果，下面主要讲解如何使用 Bootstrap 快速实现页面中的轮播图效果。

在 Bootstrap 中实现轮播图页面效果并不复杂。首先引入依赖文件，分别是 bootstrap.min.css、jquery-3.2.1.min.js 和 bootstrap.min.js 文件；然后定义轮播图页面结构，主要包括活动信息区域、左侧按钮、右侧按钮和指示器这几部分。下面将分别实现轮播图结构中的活动信息区域、左侧箭头、右侧箭头和指示器等。

6.4.3 轮播图活动信息

轮播图的实现方式并不复杂，在实现轮播图页面效果时，首先定义轮播图页面的结构，然后实现轮播图的切换效果即可。首先实现活动信息区域页面结构，如例 6-11 所示。

【例 6-11】

创建 C:\Bootstrap\chapter06\demo11.html 文件，具体代码如下。

```html
1  <!DOCTYPE html>
2  <html>
3  <head>
4    <meta charset="UTF-8">
5    <meta name="viewport" content="width=device-width, initial-scale=1.0">
6    <title>Document</title>
7  </head>
8  <body>
9    <div id="carouselExampleControls" class="carousel slide" data-ride="carousel">
10     <div class="carousel-inner">
11       <div class="carousel-item active">
12         <img src="images/slide1.webp" class="d-block w-100" alt="...">
13       </div>
14       <div class="carousel-item">
15         <img src="images/slide2.webp" class="d-block w-100" alt="...">
16       </div>
17       <div class="carousel-item">
18         <img src="images/slide3.webp" class="d-block w-100" alt="...">
19       </div>
20     </div>
21   </div>
22 </body>
23 </html>
```

上述代码中，第 9 行代码定义 id 的值为 carouselExampleControls 的 div 元素；定义 data-ride 属性的值为 carousel，并给 div 元素添加类名 carousel 和 slide，其中 slide 可以实现轮播图的活动信息区域的滑动效果。第 10 ～ 20 行代码用于设置轮播图内部图片的信息；在 div.carousel-inner 元素中定义类名 carousel-item 和 active，其中 carousel-item 表示每一张图片信息，active 表示当前图片信息；在 div.carousel-item 元素中通过 img 引入图片信息；在图片中定义类名 d-block 表示设置为块元素；定义类名为 w-100，表示将图片的宽度设置为 100%。

在浏览器中打开 demo11.html，运行结果如图 6-17 所示。

图 6-17 活动信息区域

6.4.4　轮播图左侧箭头

在实现了活动信息区域的页面结构之后，还需要实现图片上的左侧箭头，具体代码如下。

```
1  <!-- 查看上一张 -->
2  <a class="carousel-control-prev" href="#carouselExampleControls" role="button" data-slide="prev">
3    <span class="carousel-control-prev-icon"></span>
4    <span class="sr-only">Previous</span>
5  </a>
```

上述代码中，第 2 行代码表示左侧箭头的最外层结构是一个 <a> 标签，为 <a> 标签定义类名为 carousel-control-prev，表示设置左侧箭头的样式；定义 <a> 标签的 href 属性的值为 #carouselExampleControls，表示与轮播图最外层盒子绑定；定义 role 的值为 button，表示按钮角色；定义 data-slide 属性的值为 prev，表示查看上一张图片。第 3 ～ 4 行代码在 <a> 标签的内部定义类名为 carousel-control-prev-icon 的 span 元素，表示左侧箭头图标；定义类名 sr-only 的 span 元素，设置内容为 Previous。

6.4.5　轮播图右侧箭头

在实现了左侧箭头页面功能之后，还需要进一步实现右侧箭头的页面功能，具体代码如下。

```
1  <!-- 查看下一张 -->
2  <a class="carousel-control-next" href="#carouselExampleControls" role="button" data-slide="next">
3    <span class="carousel-control-next-icon"></span>
4    <span class="sr-only">Next</span>
5  </a>
```

上述代码中，与左侧箭头的实现方式一样，第 2 行代码表示右侧箭头的最外层结构是一个 <a> 标签，为 <a> 标签定义类名为 carousel-control-next，表示设置右侧箭头的样式；定义 <a> 标签的 href 属性的值为 #carouselExampleControls，表示与轮播图最外层盒子绑定；定义 role 的值为 button，表示按钮角色；定义 data-slide 属性的值为 next，表示查看下一张图片。第 3 ～ 4 行代码在 <a> 标签的内部定义类名为 carousel-control-next-icon 的 span 元素，表示右侧箭头图标；定义类名为 sr-only 的 span 元素，设置内容为 Next。

在浏览器中打开 demo11.html，运行结果如图 6-18 所示。

图 6-18　左侧箭头和右侧箭头

6.4.6　轮播图指示器

在轮播图的下方还有轮播图指示器，通过轮播图指示器可以让页面更友好。在实现轮播图指示器功能之前，首先实现轮播图指示器的页面结构，具体代码如下。

```
1  <!-- 轮播图指示器 -->
2  <ol class="carousel-indicators">
3    <li data-target="#carouselExampleIndicators" data-slide-to="0" class="active"></li>
4    <li data-target="#carouselExampleIndicators" data-slide-to="1"></li>
5    <li data-target="#carouselExampleIndicators" data-slide-to="2"></li>
6  </ol>
```

上述代码中，第 2 行代码定义类名为 carousel-indicators 的 ol 有序列表结构，表示轮播图指示器。第 3 ～ 5 行代码在 ol 元素的内部定义 li 元素，表示轮播图指示器中的每一个小图标；定义 data-target 的属性值为 #carouselExampleIndicators，表示设置了轮播图的目标位置；定义 data-slide-to 属性的值分别为 0、1 和 2，表示当前指示器图标的索引值。

在浏览器中打开 demo11.html，运行结果如图 6-19 所示。

图 6-19　轮播图指示器

本章小结

本章主要介绍了什么是组件、组件的优势、Bootstrap 常用组件实现页面效果的主要依赖文件，以及如何使用 Bootstrap 常用组件实现页面中的导航、按钮、列表和表单等页面效果，如何使用 Bootstrap 实现页面中的下拉菜单和折叠菜单等页面功能。最后，重点讲解了什么是轮播图以及如何使用 Bootstrap 常用组件来实现页面中的轮播图效果。

课后练习

一、填空题

1. 使用＿＿＿＿＿＿类名可以定义单个主按钮的样式。
2. 使用＿＿＿＿＿＿类名可以定义一组按钮的样式。

3. 使用＿＿＿＿＿＿类名可以定义列表组中每一项的样式。

4. 使用＿＿＿＿＿＿类名可以统一表单元素的格式并优化常规外观、focus 选中状态和尺寸大小。

二、判断题

1. 组件是一个抽象的概念，是对数据和方法的简单封装。 （   ）

2. 组件是对结构的抽象，组件可构成页面中独立结构单元。 （   ）

3. 每个组件拥有自己的作用域，区域之间独立工作互不影响，组件可以有自己的属性和方法。 （   ）

4. Bootstrap 所提供的许多组件都依赖 JavaScript 才能运行。 （   ）

三、选择题

1. 下列选项中，关于组件的优势说法错误的是（   ）。
   A. 组件可以复用　　　　　　　　　B. 提高开发效率
   C. 组件是模块化的　　　　　　　　D. 提高代码之间的耦合程度

2. 下列选项中，用来实现输入框组结构样式的是（   ）。
   A. input-group　　　　　　　　　 B. input
   C. btn-group　　　　　　　　　　 D. list-group

3. 下列选项中，在实现轮播图效果时，不需要引入的文件是（   ）。
   A. jquery-3.2.1.min.js　　　　　　B. bootstrap.min.css
   C. bootstrap.min.js　　　　　　　 D. bootstrap.min.bundle.js

4. 下列选项中，用来实现按钮组结构样式的是（   ）。
   A. btn-primary　　　　　　　　　 B. btn-success
   C. btn-danger　　　　　　　　　　D. input-group

5. 下列选项中，用来实现导航栏中每一项结构样式的是（   ）。
   A. nav-item　　　　　　　　　　　B. nav
   C. list-item　　　　　　　　　　　D. btn-item

四、简答题

1. 请简述什么是组件。

2. 请简述下拉菜单的功能。

五、编程题

请通过代码实现列表组页面效果。

第7章

Bootstrap 常用布局样式

★ 掌握 Bootstrap 内容布局设计

★ 了解 Bootstrap 代码和图文布局设计

★ 掌握 Bootstrap 表格布局设计

★ 掌握 Bootstrap 的辅助样式布局设计

拓展阅读

在 Web 开发中，通常会为网站设置一个全局的样式（style.css），用来初始化 CSS 代码，提高工作效率。当然 Bootstrap 框架也不例外，它的核心是轻量的 CSS 基础代码库，虽然对部分基础样式进行了重置，但是更注重样式重置之后可能发生问题的样式，如 body 的 margin 问题等。Bootstrap 保留了部分浏览器的基础样式，解决了部分潜在的问题，对一些细节上的体验进行了提升。例如，在布局上设置了基础的样式、字号等。本章将对 Bootstrap 常用的基础布局样式进行讲解。

7.1 内容布局

在 HTML 中，可以使用不同的标签来定义不同的文本样式，例如文字的大小、粗体、删除线等。Bootstrap 通过修改元素的默认样式，实现对页面布局的优化，让页面更加美观。本节将讲解 Bootstrap 的 3 大内容布局方式，即标题类、文本类和列表类。

7.1.1 标题类

在浏览网页时最先关注的就是文章的标题，Bootstrap 与普通的 HTML 页面一样，都是使用 \<h1\> ~ \<h6\> 标签来定义标题的。同时 Bootstrap 还提供了一系列 display 类来设置标题样式。

1. 设置标题

在 Bootstrap 中对 \<h1\> ~ \<h6\> 标签默认样式进行了覆盖。需要注意的是，元素的样式会随着浏览器的修改而进行变动，可以使元素在不同的浏览器下显示一样的效果，具体如表 7-1 所示。

表 7-1　<h1> ～ <h6> 标题描述

标签	描述	字体大小	计算比例
<h1>	一级标题	36px	14px × 2.60
<h2>	二级标题	30px	14px × 2.15
<h3>	三级标题	24px	14px × 1.70
<h4>	四级标题	18px	14px × 1.25
<h5>	五级标题	14px	14px × 1
<h6>	六级标题	12px	14px × 0.85

表 7-1 中介绍了标题标签的字体大小和计算方式。Bootstrap 标题的具体使用和平时的使用方法是一样的，从一级标题到六级标题，数字越大所代表的级别越小，文本也越小。

下面通过案例来演示标题在页面中的展示效果，具体实现步骤如例 7-1 所示。

【例 7-1】

创建 C:\Bootstrap\chapter07\demo01.html 文件，具体代码如下。

```
1   <!DOCTYPE html>
2   <html>
3   <head>
4     <meta charset="UTF-8">
5     <link rel="stylesheet" href="bootstrap/css/bootstrap.min.css">
6   </head>
7   <body>
8     <h1>一级标题 </h1>
9     <h2>二级标题 </h2>
10    <h3>三级标题 </h3>
11    <h4>四级标题 </h4>
12    <h5>五级标题 </h5>
13    <h6>六级标题 </h6>
14  </body>
15  </html>
```

保存上述代码，在浏览器中查看运行效果，如图 7-1 所示。

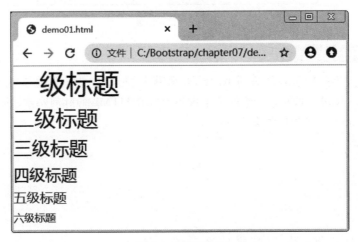

图 7-1　标题样式

如果想要将传统的标题元素设计得更加美观、醒目以迎合网页内容，可以使用 Bootstrap 中提供的一系列 display 类来设置标题样式。

在 demo01.html 文件中编写如下代码。

```
1    <!DOCTYPE html>
2    <html>
3    <head>
4      <meta charset="UTF-8">
5      <link rel="stylesheet" href="bootstrap/css/bootstrap.min.css">
6    </head>
7    <body>
8      <h1 class="display-1">display1</h1>
9      <h1 class="display-2">display2</h1>
10     <h1 class="display-3">display3</h1>
11     <h1 class="display-4">display4</h1>
12   </body>
13   </html>
```

保存上述代码，在浏览器中查看运行效果，如图 7-2 所示。

图 7-2　显式标题

多学一招：使用类名来实现标题效果

在 Bootstrap 中定义了 6 个类名 h1 ～ h6 来让非标题元素实现标题效果，与 <h1> ～ <h6> 不同的是，使用类名 h1 ～ h6 的文本段不会视作 HTML 的标题元素，没有标题的含义。

在 demo01.html 文件中编写如下代码。

```
1    <!DOCTYPE html>
2    <html>
3    <head>
4      <meta charset="UTF-8">
5      <link rel="stylesheet" href="bootstrap/css/bootstrap.min.css">
6    </head>
7    <body>
8      <div class="h1">一级标题 </div>
9      <div class="h2">二级标题 </div>
10     <div class="h3">三级标题 </div>
11     <div class="h4">四级标题 </div>
12     <div class="h5">五级标题 </div>
13     <div class="h6">六级标题 </div>
```

```
14  </body>
15  </html>
```

保存上述代码，在浏览器中查看运行效果，效果同图 7-1。

2. 设置副标题

在学习了标题元素基本使用后，在 Web 开发中，常常会遇到一个标题后面紧跟着一行小的副标题的形式。当然，在 Bootstrap 中也考虑到了这种布局形式，使用 <small> 标签来实现副标题效果，通常与 .text-muted 样式一起使用。

下面通过例 7-2 来演示副标题在页面中的展示效果。

【例 7-2】

创建 C:\Bootstrap\chapter07\demo02.html 文件，编写代码，具体代码如下。

```
1   <!DOCTYPE html>
2   <html>
3   <head>
4     <meta charset="UTF-8">
5     <link rel="stylesheet" href="bootstrap/css/bootstrap.min.css">
6   </head>
7   <body>
8     <h1>一级标题 <small>我是副标题 </small></h1>
9     <h1>一级标题 <small class="text-muted">我是副标题 </small></h1>
10  </body>
11  </html>
```

上述代码中，第 8 行代码设置副标题不加 .text-muted 样式，第 9 行代码给副标题添加 .text-muted 样式。

保存上述代码，在浏览器中查看运行效果，如图 7-3 所示。

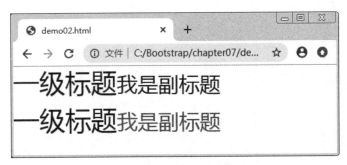

图 7-3　副标题样式

由图 7-3 可以看出，副标题加上 .text-muted 样式后，字体颜色变浅了。

7.1.2　文本类

段落 <p> 元素是网页布局中的重要组成部分，在 Bootstrap 中为文本设置了一个全局的正文文本样式，包括对字体和字号、行高、颜色的基础设置。除此之外，为了显示美观，同时便于用户阅读，特意给 p 元素设置了 margin 值。

在实际项目中，对于一些重要的文本，开发者往往希望对这些文本进行特殊的样式设置，以突显其重要性。例如可以通过使用 .lead 样式来定义一个中心段落，用于强调重要内容效果。

1. 强化文本

除了上述使用 .lead 样式的方式外，Bootstrap 中还提供了一些常用的内联元素来对文本进行强化以突显重要内容，从而实现风格统一、布局美观的效果，如表 7-2 所示。

表 7-2　常见的内联元素

标签	描述	标签	描述
\<b> 和 \<strong>	文本加粗	\<mark>	标记，高亮显示
\<del> 和 \<s>	删除线	\<address>	表示地址
\<ins> 和 \<u>	下划线	\<footer>	出处
\<em> 和 \<i>	斜体	\<cite>	出处
\<blockquote>	引用块，长引用	\<abbr>	缩略语，鼠标指针悬停在该文本上时，显示 title 的属性值

　　表 7-2 中，\<b> 和 \<strong> 默认情况下是加粗字体，前者是给其包裹的文本设置 bold 粗体效果，而后者表示加强字符的语气，使用 bold 粗体来起到强调的作用。\<del> 和 \<s> 都可以实现删除效果，但是 \<del> 更具有语义化，能更形象地描述删除的意思。\<strong> 和 \<em> 具有强调作用，有利于 SEO。\<ins> 和 \<u> 都可以实现下划线效果，但是前者通常与 \<del> 一起使用，用来定义已经被插入文档中的文本，而后者表示为文本添加下划线。\<footer> 和 \<cite> 通常表示所包含的文本对某个参考文献的引用，区别在于后者引用的文本将以斜体显示。

　　下面通过例 7-3 来演示上述元素在页面中的展示效果。

【例 7-3】

　　创建 C:\Bootstrap\chapter07\demo03.html 文件，编写代码，具体代码如下。

```
1   <!DOCTYPE html>
2   <html>
3   <head>
4     <meta charset="UTF-8">
5     <link rel="stylesheet" href="bootstrap/css/bootstrap.min.css">
6   </head>
7   <body>
8     <b>b 文本加粗 </b>
9     <strong>strong 文本加粗 </strong>
10    <del>del 删除 </del>
11    <s>s 删除 </s>
12    <p>1+1=<del>4</del><ins>2</ins>ins 下划线 </p>
13    <u>u 下划线 </u>
14    <em>em 斜体 </em>
15    <i>i 斜体 </i>
16    <blockquote>blockquote 引用块 </blockquote>
17    <mark>mark 高亮显示 </mark>
18    <address>address 表示地址 </address>
19    <footer>footer 出处 </footer>
20    <cite>cite 出处 </cite>
21    <abbr title=" 我是提示信息 ">abbr 缩略语 </abbr>
22  </body>
23  </html>
```

　　保存上述代码，在浏览器中查看运行效果，如图 7-4 所示。

　　除了使用内联元素外，还可以给元素添加 .mark、.small、.blockquote 样式来实现同样的元素效果。下面通过例 7-4 来演示 \<blockquote> 引用块在页面中的展示效果。

【例 7-4】

　　创建 C:\Bootstrap\chapter07\demo04.html 文件，编写代码，具体代码如下。

```
1   <!DOCTYPE html>
2   <html>
```

```
3   <head>
4     <meta charset="UTF-8">
5     <link rel="stylesheet" href="bootstrap/css/bootstrap.min.css">
6   </head>
7   <body class="text-center">
8     <blockquote class="blockquote">
9       <p>朝辞白帝彩云间</p>
10      <p>千里江陵一日还</p>
11      <p>两岸猿声啼不住</p>
12      <p>轻舟已过万重山</p>
13      <footer class="blockquote-footer">
14        出自李白《早发白帝城》
15      </footer>
16    </blockquote>
17  </body>
18  </html>
```

上述代码中，第 8 行代码在 <blockquote> 标签中使用 .blockquote 样式来定义引用块；第 13 行代码在 <footer> 标签中定义 .blockquote-footer 样式来设置底部备注来源，增强代码可读性。

保存上述代码，在浏览器中查看运行效果，如图 7-5 所示。

图 7-4　文本内联元素样式

图 7-5　设置底部备注

2. 文本颜色

除了用上述 Bootstrap 中提供的一些元素标签（如 <strong>、<em>）来对文本进行强化突显重要内容外，Bootstrap 还定义了一套类名，通过设置文本颜色来强调其重要性。常用的文本颜色说明如表 7-3 所示。

表 7-3　常用的文本颜色

类名	描述
.text-primary	首选文本颜色，重要的文本
.text-secondary	副标题颜色
.text-success	成功文本颜色

续表

类名	描述
.text-muted	柔和颜色
.text-danger	危险提示文本颜色
.text-info	一般提示信息文本颜色
.text-warning	警告信息文本颜色
.text-dark	深灰色文本
.text-body	body 文本颜色
.text-light	浅灰色文本
.text-white	白色文本
.text-black	黑色文本

表 7-3 中，使用 .text-* 将文本设置为指定的颜色。其中，.text-light 和 .text-white 在白色背景下看不清楚，可以设置一个黑色的背景来辅助查看效果。另外，.text-white 类和 .text-black 类还支持在类名末尾添加一个透明度选项 "-50" 实现文本颜色的半透明效果。例如，.text-white-50 类用于设置透明度为 0.5 的白色文本；.text-black-50 类用于设置透明度为 0.5 的黑色文本。

下面通过例 7-5 来演示常见的文本样式在页面中的展示效果。

【例 7-5】

创建 C:\Bootstrap\chapter07\demo05.html 文件，编写 HTML 代码，示例代码如下。

```
1   <!DOCTYPE html>
2   <html>
3   <head>
4     <meta charset="UTF-8">
5     <link rel="stylesheet" href="bootstrap/css/bootstrap.min.css">
6   </head>
7   <body>
8     <p class="text-primary">.text-primary 效果（蓝色）</p>
9     <p class="text-muted">.text-muted 效果（灰色）</p>
10    <p class="text-success">.text-success 效果（绿色）</p>
11    <p class="text-info">.text-info 效果（青色）</p>
12    <p class="text-warning">.text-warning 效果（黄色）</p>
13    <p class="text-danger">.text-danger 效果（红色）</p>
14  </body>
15  </html>
```

保存上述代码，在浏览器中查看运行效果，如图 7-6 所示。

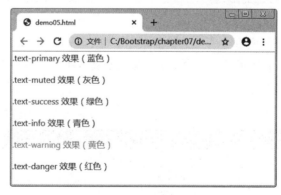

图 7-6　文本颜色

多学一招：实现鼠标指针悬停和焦点超链接效果

在前面内容中学习了如何使用 .text-* 样式来实现指定意义的文本颜色。除此之外，文本还提供了 hover 和 foucus 状态，可以用来设置链接文本样式，实现鼠标悬停和焦点超链接效果。需要注意的是，.text-white 和 .text-muted 类不支持链接样式，即鼠标指针放上去只有下划线，颜色不会发生变化，示例代码如下。

```
1  <!DOCTYPE html>
2  <html>
3  <head>
4    <meta charset="UTF-8">
5    <link rel="stylesheet" href="bootstrap/css/bootstrap.min.css">
6  </head>
7  <body>
8    <a href="#" class="text-muted"> 柔和的链接 </a>
9    <a href="#" class="text-primary"> 主要链接 </a>
10   <a href="#" class="text-secondary"> 副标题链接 </a>
11   <a href="#" class="text-success"> 成功链接 </a>
12   <a href="#" class="text-info"> 信息文本链接 </a>
13   <a href="#" class="text-warning"> 警告链接 </a>
14   <a href="#" class="text-danger"> 危险链接 </a>
15   <a href="#" class="text-body">body 链接 </a>
16   <a href="#" class="text-dark"> 深灰色链接 </a>
17   <a href="#" class="text-light"> 浅灰色链接 </a>
18   <a href="#" class="text-white"> 白色链接 </a>
19   <a href="#" class="text-black"> 黑色链接 </a>
20 </body>
21 </html>
```

保存上述代码，有兴趣的读者可以一一进行尝试，并在浏览器中查看链接效果。

3. 文本格式

在网页布局中经常会用到文本对齐方式，在 CSS 中常常使用 text-align 属性来设置文本对齐方式。在 Bootstrap 中，为了简化操作，方便开发者使用，Bootstrap 中提供了一系列的文本对齐样式和大小写相关的样式，具体如表 7-4 所示。

表 7-4　文本对齐样式和大小写样式

类名	描述
.text-left	左对齐，默认由浏览器决定
.text-right	右对齐
.text-center	居中对齐
.text-justify	实现两端对齐文本效果
.text-nowrap	段落中超出屏幕部分不换行
.text-uppercase	设置英文大写
.text-lowercase	设置英文小写
.text-capitalize	设置每个单词首字母大写

在表 7-4 列举的样式中，目前两端对齐在各浏览器下解析各有不同，特别是应用于中文文本的时候，所以在项目中使用应慎重。

下面通过例 7-6 来演示上述类名在页面中的展示效果。

【例 7-6】

创建 C:\Bootstrap\chapter07\demo06.html 文件，编写 HTML 代码，示例代码如下。

```
1   <!DOCTYPE html>
2   <html>
3   <head>
4     <meta charset="UTF-8">
5     <link rel="stylesheet" href="bootstrap/css/bootstrap.min.css">
6   </head>
7   <body>
8     <p class="text-left">左对齐效果 </p>
9     <p class="text-right">右对齐效果 </p>
10    <p class="text-center">居中对齐效果 </p>
11    <P> 这段是 text-justify 效果 </P>
12     <p class="text-justify">hello bootstrop hello bootstrop hello bootstrop hello
bootstrop hello bootstrop</p>
13    <P> 这段是普通效果 </P>
14    <p>hello bootstrop hello bootstrop hello bootstrop hello bootstrop hello bootstrop</p>
15     <p class="text-nowrap">不换行效果hello bootstrop hello bootstrop hello bootstrop hello
bootstrop</p>
16    <p class="text-uppercase">text-uppercase 英文大写 </p>
17    <p class="text-lowercase">text-lowercase 英文小写 </p>
18    <p class="text-capitalize">text-capitalize 每个单词首字母大写 </p>
19  </body>
20  </html>
```

保存上述代码，在浏览器中查看运行效果，如图 7-7 所示。

图 7-7　文本格式

7.1.3　列表类

在 HTML 文档中提供了 3 种列表结构，分别是有序列表、无序列表和定义列表，这 3 种列表语法结构如下。

```
<!-- 无序列表 -->
<ul>
    <li>...</li>
    <li>...</li>
</ul>
<!-- 有序列表 -->
<ol>
    <li>...</li>
    <li>...</li>
</ol>
<!-- 定义列表 -->
<dl>
    <dt>...</dt>
    <dd>...</dd>
</dl>
```

Bootstrap 对这 3 种列表默认形式进行了细微的改动，以达到风格统一、美观的目的，下面进行详细讲解。

1. 列表初始化

Bootstrap 中无序列表和有序列表默认是带有项目符号的，但在实际开发中，为了方便使用，列表通常是不需要带有前面编号的。考虑到这种情况，Bootstrap 中提供了 .list-unstyled 样式来对列表进行初始化，这样可以去除默认的列表样式风格。

下面通过案例演示如何使用 .list-unstyled 样式来对列表进行初始化，如例 7-7 所示。

【例 7-7】

创建 C:\Bootstrap\chapter07\demo07.html 文件，编写 HTML 代码，示例代码如下。

```
1  <!DOCTYPE html>
2  <html>
3  <head>
4    <meta charset="UTF-8">
5    <link rel="stylesheet" href="bootstrap/css/bootstrap.min.css">
6  </head>
7  <body>
8    <!-- 无序列表去掉符号 -->
9    <ul>
10     <li>项目列表
11       <ul class="list-unstyled">
12       <li>不带项目符号</li>
13       <li>不带项目符号</li>
14       </ul>
15     </li>
16   </ul>
17   <!-- 有序列表去掉序号 -->
18   <ol>
19     <li>项目列表
20     <ol class="list-unstyled">
21       <li>不带项目编号</li>
22       <li>不带项目编号</li>
23     </ol>
24     </li>
25   </ol>
26 </body>
27 </html>
```

保存上述代码，在浏览器中查看运行效果，如图 7-8 所示。

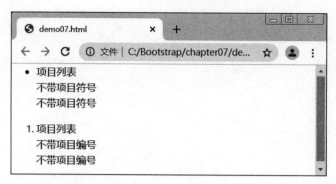

图 7-8　列表初始化

2. 内联列表

Bootstrap 中使用 .list-inline 结合 .list-inline-item 样式来实现多列并排列表，也就是说把垂直列表转换成水平列表，并且去掉项目符号，通常使用内联列表来制作水平导航。

下面在例 7-8 中使用无序列表来实现表格水平显示。

【例 7-8】

创建 C:\Bootstrap\chapter07\demo08.html 文件，编写 HTML 代码，示例代码如下。

```
1  <!DOCTYPE html>
2  <html>
3  <head>
4    <meta charset="UTF-8">
5    <link rel="stylesheet" href="bootstrap/css/bootstrap.min.css">
6  </head>
7  <body>
8    <ul class="list-inline">
9      <li class="list-inline-item">首页 </li>
10     <li class="list-inline-item">我的 </li>
11     <li class="list-inline-item">帮助 </li>
12   </ul>
13 </body>
14 </html>
```

上述代码中，给 <ul> 添加样式 .list-inline，同时需要给列表项设置 .list-inline-item 样式，设置完成后 <li></li> 之间的内容会变成横向排列。

保存上述代码，在浏览器中查看运行效果，如图 7-9 所示。

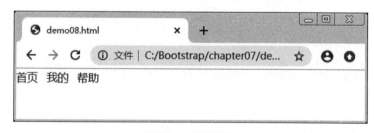

图 7-9　内联列表

3. 定义列表水平显示

在 Bootstrap 中可以使用栅格系统的预定义类来对定义列表内容实现水平对齐效果，对于较长的内容可以使用 .text-truncate 省略溢出部分，并使用 ... 省略号来代替。

下面通过案例演示 .text-truncate 的使用，具体实现步骤如例 7-9 所示。

【例 7-9】

创建 C:\Bootstrap\chapter07\demo09.html 文件，编写 HTML 代码，示例代码如下。

```
1   <!DOCTYPE html>
2   <html>
3   <head>
4     <meta charset="UTF-8">
5     <link rel="stylesheet" href="bootstrap/css/bootstrap.min.css">
6   </head>
7   <body>
8     <div class="container">
9       <dl class="row">
10        <dt class="col-sm-4">我是列表标题部分</dt>
11        <dd class="col-sm-8 text-truncate">我是用于描述列表标题内容，对列表标题部分进行介绍的</dd>
12      </dl>
13    </div>
14  </body>
15  </html>
```

上述代码中，第 8 行代码定义了类名为 container 的布局容器，在 <dl> 上定义了类名为 row 的 dl 元素，表示行，并在其 <dt> 和 <dd> 子级上使用网格列类来划分列。

保存上述代码，在浏览器中查看运行效果，如图 7-10 所示。

图 7-10　水平排列

7.2　代码和图文布局

7.2.1　代码样式

Bootstrap 提供了一些内联元素用来控制编程代码的显示风格，常见的代码标签如表 7-5 所示。

表 7-5　常见的代码标签

标签	描述
<code>	计算机代码，用来显示单行内联代码
<pre>	预格式化文本，保留所有格式，显示多行代码
<kbd>	键盘输入文本，显示用户输入代码
<var>	定义变量
<samp>	程序输出文本

表 7-5 中，<code> 常用于单个单词或单行句子的代码；<pre> 常用于多行代码；<kbd> 表示用户要输入的内容。在实际开发中，用户可以根据具体的需求来使用某种类型。需要注意的是，不管使用哪种编程代码风格，都需要手动转义特殊符号。例如，小于号使用 "<"

代替，大于号使用 ">" 代替。

下面通过例 7-10 来演示上述元素在页面中的展示效果。

【例 7-10】

创建 C:\Bootstrap\chapter07\demo10.html 文件，编写 HTML 代码，示例代码如下。

```
1   <html>
2   <head>
3     <meta charset="UTF-8">
4     <link rel="stylesheet" href="bootstrap/css/bootstrap.min.css">
5   </head>
6   <body>
7     <code>&lt;html&gt;&lt;/html&gt;</code>
8     <div>键盘输入 <kbd>ctrl+s</kbd> 来保存代码 </div>
9   <pre class="pre-scrollable">
10    &lt;dl&gt;
11      &lt;dt&gt;...&lt;/dt&gt;
12      &lt;dd&gt;...&lt;/dd&gt;
13    &lt;/dl&gt;
14  </pre>
15  </body>
16  </html>
```

上述代码中，第 7 行代码使用 <code> 标签元素，将要显示的编程代码放在该标签内；第 9 ～ 14 行代码使用 <pre> 标签元素，同时给标签添加了 .pre-scrollable 类，设置该区域默认高度为 350px，并带有一个垂直滚动条。注意标签前面留多少个空格，在显示效果中就会留多少个空格。

保存上述代码，在浏览器中查看运行效果，如图 7-11 所示。

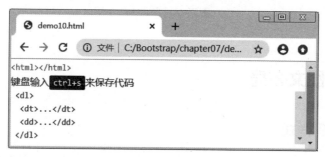

图 7-11　常见代码样式

7.2.2　图文样式

在前端开发中，如制作商品展示图、Banner 图和轮播图效果时，经常会用到图片元素。Bootstrap 框架中提供了几种图像的样式风格，只需要在 <img> 标签上添加对应的类名，即可实现不同的风格。常见的图像样式如表 7-6 所示。

表 7-6　常见的图像样式

类名	描述
.img-fluid	设置响应式图片，主要应用于响应式设计中
.img-thumbnail	缩略图片，给图片设置一个空心边框
.rounded	给元素添加圆角边框
.rounded-circle	设置元素形状（圆形或者椭圆形）

　　表 7-6 中，.rounded 类可以给元素设置圆角边框，另外也可以使用 .rounded-* 来给元素的不同方位添加圆角，其中 * 取值 top、right、bottom、left，表示上、右、下、左方位。除此之外，还可以使用 .rounded-0 来去掉圆角样式，使用 .rounded-sm 和 .rounded-lg 来设置圆角半径大小。.rounded-circle 样式用来设置元素形状，如果元素是正方形那么使用该类名之后将变为正圆形，反之则为椭圆形。

　　需要注意的是，因为 .rounded 样式和 .rounded-circle 样式需要用到 border-radius 属性，而 border-radius 属性是基于 CSS3 的圆角样式来实现的，所以在低版本的浏览器下是没有效果的。除此之外，Bootstrap 提供的样式里没有对图片尺寸进行限制，因此在实际使用中，需要通过其他的方式来处理图片尺寸，如控制图片的外层容器等。

　　下面将详细讲解如何使用 Bootstrap 中提供的一系列图片样式，来设置响应式图片、图片的显示位置，以及图文组合效果等。

1. 使用 .img-fluid 样式

　　.img-fluid 是 Bootstrap 预定义好的，用来实现图片响应式的类，它给图片设置了 max-width:100%,height:auto; 的效果，在开发中可以直接拿来使用。

　　.img-fluid 的具体实现效果如例 7-11 所示。

【例 7-11】

　　创建 C:\Bootstrap\chapter07\demo11.html 文件，编写 HTML 代码，示例代码如下。

```
1  <!DOCTYPE html>
2  <html>
3  <head>
4    <meta charset="UTF-8">
5    <link rel="stylesheet" href="bootstrap/css/bootstrap.min.css">
6  </head>
7  <body>
8    <!-- 响应式 -->
9    <img src="images/banner.jpg" class="img-fluid" alt=" 响应式图片 ">
10   <!-- 非响应式 -->
11   <img src="images/banner.jpg" alt=" 非响应式图片 ">
12  </div>
13  </body>
14  </html>
```

　　上述代码中，使用 <img> 标签在页面中添加两张相同的图片，其中第一张图片设置响应式 .img-fluid 样式，另一张图片为普通效果。

　　保存上述代码，在浏览器中查看运行效果，如图 7-12 所示。

2. 使用 HTML 5 提供的 <picture> 标签

　　<picture> 标签是 HTML5 新增的标签元素，可以实现图片的响应式效果，常适用于在固定的区域下使用固定的图片尺寸，例如在大屏幕下使用大尺寸图片，在小屏幕下使用小尺寸图片，这样可以减少流量。

　　<picture> 标签的具体实现效果如例 7-12 所示。

【例 7-12】

　　创建 C:\Bootstrap\chapter07\demo12.html 文件，编写 HTML 代码，示例代码如下。

```
1  <!DOCTYPE html>
2  <html>
3  <head>
4    <meta charset="UTF-8">
5    <link rel="stylesheet" href="bootstrap/css/bootstrap.min.css">
```

```
6    </head>
7    <body>
8      <picture>
9        <source srcset="images/banner1.jpg" media="(max-width:500px)">
10       <img src="images/banner.jpg" class="img-fluid" alt=" 响应式大图 ">
11     </picture>
12   </body>
13   </html>
```

图 7-12　响应式图片

上述代码中，实现了屏幕宽度不超过 500px 时（见图 7-13），使用 banner1.jpg 图片；当屏幕超过该数值时，使用 banner.jpg 图片（见图 7-14）。

保存上述代码，在浏览器中查看运行效果，如图 7-13 所示。

图 7-13　屏幕宽度不超过 500px 时

图 7-14　屏幕宽度大于 500px 时

3．使用图片布局模式

在网页制作中，通常会使用浮动来设置元素在页面中的显示位置。当然，Bootstrap 中也提供了一系列的样式来设置图片或文字的显示位置，具体内容如表 7-7 所示。

表 7-7　常见的图文显示样式

类名	描述
.float-left	设置元素左浮动
.float-right	设置元素右浮动
.clearfix	清除浮动

下面通过例 7-13 来演示图片在页面中的展示效果。

【例 7-13】

创建 C:\Bootstrap\chapter07\demo13.html 文件，编写 HTML 代码，示例代码如下。

```
1  <!DOCTYPE html>
2  <html>
3  <head>
4    <meta charset="UTF-8">
5    <link rel="stylesheet" href="bootstrap/css/bootstrap.min.css">
6  </head>
7  <body style="background-color:#666">
8    <div class="clearfix">
9      <img src="images/load-pic1.jpg" class="img-thumbnail float-left" alt="缩略图">
10     <img src="images/load-pic1.jpg" class="rounded float-right">
11   </div>
12   <img src="images/load-pic2.jpg" class="mx-auto d-block">
13  </body>
14  </html>
```

上述代码中，第 8 行代码给两张图片的外层容器添加 .clearfix 样式，以清除浮动；第 9 行代码给图片设置了左浮动，并添加了缩略图样式，为了更清晰地查看效果，因此给第 7 行代码 <body> 元素设置了背景色；第 10 行代码给图片设置右浮动，并添加了圆角效果；第 12 行代码给图片设置居中对齐样式。

保存上述代码，在浏览器中查看运行效果，如图 7-15 所示。

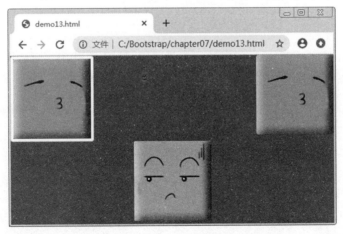

图 7-15　图片显示位置

多学一招：实现图片居中对齐

在 Bootstrap 中可以给图片添加两个公用的类 .mx-auto 和 .d-block 来实现图片的居中显示。除此之外，考虑到图片本身是内联元素，因此可以给图片包裹一层容器，并给该容器设置 .text-center 样式来实现居中效果。

在 C:\Bootstrap\chapter07\demo13.html 文件中，编写如下代码，实现图片居中显示。

```
1   <div class="text-center">
2     <img src="images/load-pic3.jpg" class="rounded-circle">
3   </div>
```

保存上述代码，在浏览器中查看运行效果，如图 7-16 所示。

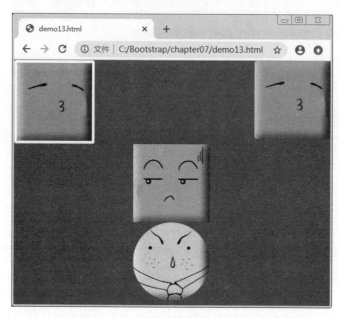

图 7-16   图片居中显示

4. 图文组合

在制作网页时，常常会遇到图片和文字组合显示的效果，Bootstrap 中提供了 <figure> 和 <figcaption> 标签来实现图文组合效果。

下面通过例 7-14 来演示图文在页面中的展示效果。

【例 7-14】

创建 C:\Bootstrap\chapter07\demo14.html 文件，编写 HTML 代码，示例代码如下。

```
1   <!DOCTYPE html>
2   <html>
3   <head>
4     <meta charset="UTF-8">
5     <link rel="stylesheet" href="bootstrap/css/bootstrap.min.css">
6   </head>
7   <body>
8     <div class="text-center">
9       <figure class="figure">
10        <img src="images/load-pic4.jpg" class="img-fluid figure-img">
11        <figcaption class="figure-caption text-center">
12          我是一张笑脸
13        </figcaption>
14      </figure>
15    </div>
16  </body>
17  </html>
```

上述代码中，使用 .figure、.figure-img 和 .figure-caption 类为相应的标签提供一些基础的样式，另外使用 .text-center 实现图文居中显示。

保存上述代码，在浏览器中查看运行效果，如图 7-17 所示。

图 7-17　图文组合效果

7.3　表格布局

在网页制作中，通常会用到表格的鼠标指针悬停、隔行变色等功能。Bootstrap 中提供了一系列表格布局样式，利用该样式可以帮助开发者快速开发出美观的表格。常用 `<table>` 元素样式如表 7-8 所示。

表 7-8　常用的 `<table>` 元素样式

类名	描述
.table	基类，也就是表格的基本样式
.table-dark	设置颜色反转对比效果
.table-striped	条纹表格，设置斑马线效果，实现隔行换色
.table-bordered	带边框表格
.table-borderless	无边框表格
.table-hover	鼠标指针悬停效果，鼠标指针移动到行或单元格上时表格行变色
.table-sm	紧凑型表格
.table-responsive	响应式表格

表 7-8 中，.table 是表格的一个基类，如果想要加其他的样式，就要在 .table 的基础上去添加。表内的样式可以组合使用，多个样式之间只需使用空格隔开即可，并且都支持 .table-dark 样式，适用于反转色调。

作用于 `<thead>` 表头元素的样式如表 7-9 所示。

表 7-9　常见的 `<thead>` 表头元素的样式

类名	描述
.thead-light	设置表头浅灰色背景
.thead-dark	设置表头浅黑色背景

除了上述作用于 `<table>` 和 `<thead>` 表头元素的样式外，还有一系列的表格状态类。状态类设置的是 `<tr>`、`<td>` 或 `<th>` 元素样式，使用 .table-* 来设置，可选值包括 success、active、primary、secondary、danger、warning、info、light、dark 等，同时状态类也适用于反转色调。

读者可以根据实际需求选择使用。

▌▌小提示：

在使用响应式表格 .table-responsive 样式时，如果在屏幕比较小的设备上显示，会创建水平滚动条。此时，可以使用 .table-responsive{-sm|-md|-lg|-xl} 类来使表格在某些特定的情况下变成水平滚动的设计。这样做的好处在于，响应式表格只在当前表格中创建滚动条，不影响整体页面的效果。

下面通过例 7-15 来演示小屏设备上（如手机屏幕）的响应式表格效果。

【例 7-15】

创建 C:\Bootstrap\chapter07\demo15.html 文件，编写 HTML 代码，示例代码如下。

```
1   <!DOCTYPE html>
2   <html>
3   <head>
4     <meta charset="UTF-8">
5     <link rel="stylesheet" href="bootstrap/css/bootstrap.min.css">
6   </head>
7   <body>
8     <table class="table table-responsive-sm">
9       <thead class="thead-dark">
10       <tr>
11         <th>学号 </th>
12         <th>语文 </th>
13         <th>数学 </th>
14         <th>英语 </th>
15         <th>历史 </th>
16         <th>物理 </th>
17         <th>政治 </th>
18         <th>化学 </th>
19       </tr>
20     </thead>
21     <tbody>
22       <tr>
23         <td>001</td>
24         <td>60</td>
25         <td>70</td>
26         <td>14</td>
27         <td>15</td>
28         <td>14</td>
29         <td>15</td>
30         <td>15</td>
31       </tr>
32       <!-- ... 此处省略多个 tr -->
33     </tbody>
34   </table>
35  </body>
36  </html>
```

上述代码中，第 8 行代码使用 .table-responsive-sm 样式，用于创建响应式表格，在屏幕宽度小于 576px 时显示水平滚动条。

保存上述代码，在浏览器中查看运行效果，在小屏幕下表格显示效果如图 7-18 所示。

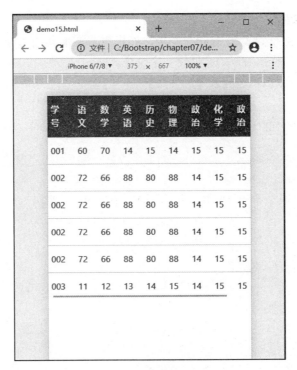

图 7-18　小屏幕显示效果

在大屏幕下表格显示效果如图 7-19 所示。

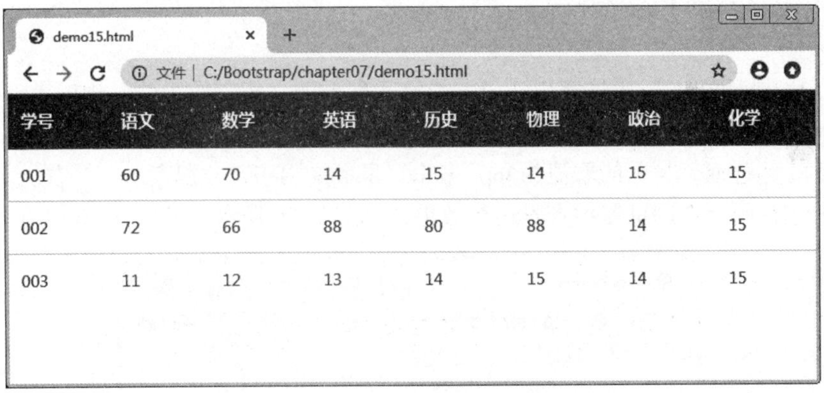

图 7-19　大屏幕显示效果

7.4　辅助样式

　　Bootstrap 中提供了一系列的辅助样式，如边框样式、背景颜色等。在本节中将对边框和背景样式进行详细讲解。

7.4.1　边框样式

　　在制作网页时，经常使用 CSS 的 border 属性给元素设置边框。Bootstrap 中提供了一系列边框样式，利用该样式可以帮助开发者快速实现想要的效果。

1．添加或移除边框

Bootstrap 为元素边框设置了 .border 基类，如果想要添加其他的样式，就要在 .border 的基础上去添加。边框的样式可以组合使用，多个样式之间只需使用空格隔开即可。

下面通过例 7-16 来演示边框效果的使用。

【例 7-16】

创建 C:\Bootstrap\chapter07\demo16.html 文件，编写 HTML 代码，示例代码如下。

```
1  <!DOCTYPE html>
2  <html>
3  <head>
4    <meta charset="UTF-8">
5    <link rel="stylesheet" href="bootstrap/css/bootstrap.min.css">
6    <style>
7      span {
8        width: 60px;
9        height: 60px;
10       display: inline-block;
11       margin: 5px;
12     }
13   </style>
14 </head>
15 <body>
16   <span class="border"></span>
17   <span class="border border-0"></span>
18   <span class="border border-top-0"></span>
19   <span class="border border-right-0"></span>
20   <span class="border border-bottom-0"></span>
21   <span class="border border-left-0"></span>
22 </body>
23 </html>
```

上述代码中，第 16 行代码使用 .boder 类给元素添加了相应的边框，边框默认为淡灰色；第 17 行代码使用 .border-0 来删除元素四周的边框；第 18 ～ 21 行代码使用 .border-*-0 来删除元素的某一侧边框，"*" 的取值为 top、right、bottom、left，分别表示上、右、下、左边框。

保存上述代码，在浏览器中查看运行效果，如图 7-20 所示。

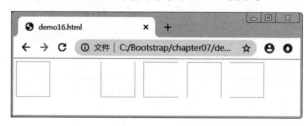

图 7-20　设置元素边框

2．设置边框颜色

考虑到 Bootstrap 提供的 .border 类默认边框颜色是淡灰色，在实际开发中如果想要修改边框颜色，可以使用 .border-* 来设置想要的场景颜色。其中，"*" 的取值为 primary、secondary、success、danger、warning、info、light、dark、white，有兴趣的读者可以一一进行尝试，并在浏览器中查看边框效果。

7.4.2　背景颜色

Bootstrap 中定义了一套类名，用来设置文本背景色，具体如表 7-10 所示。

表 7-10　常用文本背景色

类名	描述
.bg-primary	重要的背景颜色
.bg-secondary	副标题背景颜色
.bg-success	成功背景颜色
.bg-danger	危险提示背景颜色
.bg-info	一般提示信息背景颜色
.bg-warning	警告信息背景颜色
.bg-dark	深灰色背景
.bg-light	浅灰色背景
.bg-white	白色背景
.bg-transparent	透明背景色

下面通过例 7-17 来演示常用的背景样式在页面中的展示效果。

【例 7-17】

创建 C:\Bootstrap\chapter07\demo17.html 文件，具体代码如下。

```
1   <!DOCTYPE html>
2   <html>
3   <head>
4     <meta charset="UTF-8">
5     <link rel="stylesheet" href="bootstrap/css/bootstrap.min.css">
6   </head>
7   <body>
8     <p class="bg-primary">.bg-primary 效果（蓝色）</p>
9     <p class="bg-success">.bg-success 效果（绿色）</p>
10    <p class="bg-info">.bg-info 效果（青色）</p>
11    <p class="bg-warning">.bg-warning 效果（黄色）</p>
12    <p class="bg-danger">.bg-danger 效果（红色）</p>
13  </body>
14  </html>
```

保存上述代码，在浏览器中查看运行效果，如图 7-21 所示。

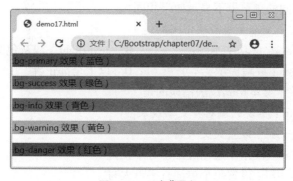

图 7-21　元素背景色

本章小结

本章重点对 Bootstrap 所提供的样式风格进行了讲解。首先，讲解了 Bootstrap 的三大内容布局，即标题类、文本类和列表类的布局风格设计；其次，讲解了代码和图文布局，包括图片的响应式设计、图片的布局模式和图文组合的布局风格设计；然后，讲解了表格布局风格；最后，讲解了 Bootstrap 提供的辅助样式，包括边框样式和背景颜色。学完本章后，读者应掌握 Bootstrap 所提供的常用布局样式，能够实现优雅美观的页面布局效果。

课后练习

一、填空题

1. Bootstrap 中提供了_____样式对列表进行初始化。
2. Bootstrap 中使用 .text-white- _____来设置透明度为 0.5 的白色文本。
3. 在 Bootstrap 中使用_____表示危险提示文本信息。
4. 用于清除元素浮动的类是_____。
5. 在表格中可以使用_____类创建斑马线效果。

二、判断题

1. Bootstrap 中定义的 .h1 ~ .h6 类可以让非标题元素实现标题效果。　　　（　　）
2. <del> 和 <u> 都可以实现文本删除效果。　　　（　　）
3. .text-white 和 .text-muted 类不支持链接样式。　　　（　　）
4. 列表中如果内容比较多时可以使用 .text-truncate 省略溢出部分，并使用 ... 省略号来代替。　　　（　　）
5. 给 <img> 图片添加 .img-fluid 类，能够实现响应式效果。　　　（　　）

三、选择题

1. 关于 Bootstrap 提供的 <h1> ~ <h6> 标题，说法错误的是（　　　）。
   A. 从一级标题到六级标题，数字越大所代表的级别越小
   B. 从一级标题到六级标题，数字越小，文本越小
   C. 元素的样式会随着浏览器的修改而进行变动
   D. 元素在不同的浏览器下显示效果相同
2. 下列选项中关于文本颜色说法正确的是（　　　）。
   A. .text-success：成功文本颜色　　　B. .text-light：浅灰色文本
   C. .text-danger：危险提示文本颜色　　　D. 以上全部正确
3. 下列选项中关于文本格式说法错误的是（　　　）。
   A. .text-justify：实现两端对齐文本效果
   B. .text-lowercase：设置英文大写
   C. .text-nowrap：段落中超出屏幕部分不换行
   D. .text-capitalize：设置每个单词首字母大写
4. 下列选项中，关于图文样式说法错误的是（　　　）。
   A. .rounded-left-0：去掉元素上方位的圆角
   B. .rounded-circle：给元素设置圆角边框
   C. .rounded-bottom-0：去掉元素下方位的圆角
   D. .rounded-0：去掉元素圆角

四、编程题

设计一个响应式表格，并实现表格的鼠标指针悬停和斑马线效果。

第 **8** 章

综合项目——潮流穿搭网站

拓展阅读

学习目标

★ 了解项目的整体结构

★ 掌握项目中使用的重点知识

★ 掌握项目中的具体代码的实现

★ 掌握导航栏、轮播图功能的实现

★ 掌握栅格布局的应用

★ 掌握 Flex 布局的应用

经过前面深入的学习，相信读者已经熟练掌握 Bootstrap 中各种功能的使用了，本章将带领读者进入综合项目实战，运用 Bootstrap 4 提供的样式、组件和插件等，完成网站首页的响应式页面制作。另外，在本书配套的源代码中提供了完整的代码和开发文档，读者可以配合源代码来进行学习。

8.1 项目分析

"潮流穿搭网站"以大众时尚为经营理念，以快捷、实惠、潮流为市场定位，让时尚走进消费者身边。为了更好地应用 Bootstrap 4 的响应式技术，在这里使用 Bootstrap 4 来完成该网站响应式首页的开发。本节将为大家讲解项目页面结构的展示效果以及具体的实现思路。

8.1.1 项目展示

本项目支持 PC 端和移动端屏幕的自适应，读者可以选择任意一款移动端设备来查看页面效果，在这里没有特定的要求。在开发过程中使用 Chrome 的开发者工具，测试页面在 iPhone 6/7/8 模拟环境下的页面效果。首页在 PC 端的页面效果如图 8-1 ～图 8-3 所示。

图 8-1 首页上部 PC 端效果

图 8-2 首页中间部分 PC 端效果

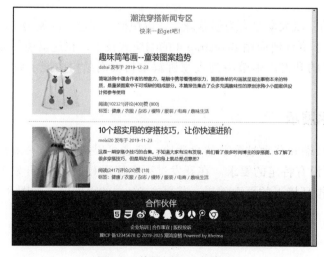

图 8-3 首页下部 PC 端效果

打开 Chrome 的开发者工具，测试页面在移动设备模拟环境下的页面效果如图 8-4～图 8-6 所示。

图 8-4　首页上部移动端显示效果

图 8-5　首页中间部分移动端显示效果

图 8-6　首页下部移动端效果

8.1.2　创建项目目录结构

为了方便读者进行项目的搭建，在 C:\Bootstrap\chapter08 目录下创建项目，项目名称为 project，项目目录结构如图 8-7 所示。

下面对项目目录结构中的各个目录及文件进行说明。

（1）project 为项目名称，里边包含 bootstrap、css、images 文件目录，以及 index.html 项目入口文件。

（2）bootstrap 文件目录里存放从 Bootstrap 官网下载到本地的预编译的 Bootstrap 相关文件，如 bootstrap.min.css 和 bootstrap.min.js 文件等。

（3）css 文件目录里存放 style.css，用于设置自定义样式。

（4）images 文件目录里存放项目中用到的图片。

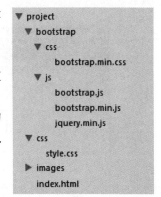

图 8-7　项目目录结构

8.2　前期准备

8.2.1　设置元素间距

在制作网页时，可以通过元素样式中的 margin 或 padding 属性设置元素间距，其中，margin 用于设置元素的外边距，它影响元素与其相邻外部元素之间的距离；padding 用于设置元素的内边距，它影响元素与其内部子元素之间的距离。Bootstrap 4 中也提供了一组简写的 class 名，用来设置间距大小和某侧的边距值。

1. 设置内外边距值

Bootstrap 4 中使用 margin 的简写 .m-* 来设置外边距，使用 padding 的简写 .p-* 来设置内边距。* 号允许的值如表 8-1 所示。

表 8-1　设置内外边距值

类名	描述
.m-0 或 .p-0	设置边距为 0
.m-1 或 .p-1	设置 margin 或 padding 为 0.25rem
.m-2 或 .p-2	设置 margin 或 padding 为 0.5rem
.m-3 或 .p-3	设置 margin 或 padding 为 1rem
.m-4 或 .p-4	设置 margin 或 padding 为 1.5rem
.m-5 或 .p-5	设置 margin 或 padding 为 3rem
.m-auto 或 .p-auto	设置 margin 或 padding 为 auto

2. 设置某侧的边距值

Bootstrap 4 中提供了 t、b、l、r、x、y 缩写来设置元素某一侧的间距，分别代表上边距、下边距、左边距、右边距、x 轴的间距（左边距和右边距）、y 轴的间距（上边距和下边距），间距值可以选取 0 ～ 5 和 auto。下面以 margin 为例，使用其中的一个值，来对某一侧的外边距进行详细说明，具体如表 8-2 所示。

表 8-2　设置某侧外边距值

类名	描述
.mt-5	{ margin-top: 3rem !important; }
.mb-5	{ margin-bottom: 3rem !important; }
.ml-5	{ margin-left: 3rem !important; }
.mr-5	{ margin-right: 3rem !important; }
.mx-5	{ margin-left: 3rem !important; margin-right: 3rem !important; }
.my-5	{ margin-top: 3rem !important; margin-bottom: 3rem !important; }
.mr-auto	{ margin-right: auto !important; }

表 8-2 中，以 margin 为例来说明了如何设置某一侧的外边距值，同样也可以使用这种方式来设置元素某一侧的 padding 的值。

8.2.2　设置字体图标

Bootstrap 4 不提供默认的图标，而是把图标库独立出来。在这里选择使用第三方开源图标库 Font Awesome，其提供了可缩放矢量字体图标，并且可以通过 CSS 代码来设置字体的大小、颜色、阴影等，具有良好的兼容性。

首先进入 Font Awesome 官网，单击图 8-8 中的"下载旧版 v4.7"按钮进行下载。

图 8-8　下载页面

下载完成后，把 zip 文件解压至本地，解压之后的文件目录如图 8-9 所示。

从图 8-9 所示的文件目录中可以看出，该文件夹包含 css、fonts、less、scss 共 4 个文件目录，找到 css 文件目录下的 font-awesome.min.css，把该文件复制到项目中的 css 文件目录下，同时需要把 fonts 文件目录复制到项目根目录中，与 css 文件目录同级。

更新之后的项目文件目录如图 8-10 所示。

图 8-9　文件目录

图 8-10　更新后的文件目录

8.2.3　页面初始化

进入 Bootstrap 官网，从文档页中提取出页面的初始模板，编写 index.html 初始化代码，示例代码如下。

```
1   <!DOCTYPE html>
2   <html>
3   <head>
4     <meta charset="UTF-8">
5     <meta name="viewport" content="width=device-width, initial-scale=1.0">
6     <meta http-equiv="X-UA-Compatible" content="ie=edge">
7     <!--[if lt IE 9]>
8       <script src="https://oss.maxcdn.com/html5shiv/3.7.2/html5shiv.min.js"></script>
9       <script src="https://oss.maxcdn.com/respond/1.4.2/respond.min.js"></script>
10    <![endif]-->
11    <!-- 引入 bootstrap 样式文件 -->
12    <link rel="stylesheet" href="bootstrap/css/bootstrap.min.css">
13    <!-- 引入字体图标样式 -->
14    <link rel="stylesheet" href="css/font-awesome.min.css">
15    <!-- 引入首页样式文件 -->
16    <link rel="stylesheet" href="css/style.css">
17    <script src="bootstrap/js/jquery.min.js"></script>
18    <script src="bootstrap/js/bootstrap.min.js"></script>
19    <title>Document</title>
20  </head>
21  <body>
22  </body>
23  </html>
```

上述代码中，引入了项目所需要的 CSS、JavaScript 和字体图标文件，至此项目模板已经创建好，页面初始化工作已经完成。

8.2.4　页面结构

首页的结构由导航栏、轮播图、潮流穿搭技巧模块、潮流穿搭风格模块、潮流穿搭新闻模块、合作伙伴和著作权声明模块组成，整体结构如图 8-11 所示。

图 8-11　首页模块结构

图 8-11 中，分别展示了每个模块最外层容器的盒子，如 div.trend-skill 中的 div 表示 <div> 标签，trend-skill 表示 <div> 标签的 class 值，完整的写法是 "<div class="trend-skill"></div>"。这是一种让代码结构更加简洁的自定义表达方式。

了解了首页的结构后，下面开始编写 index.html 页面关键代码。

打开 C:\Bootstrap\chapter08\project\index.html 文件，在 <body> 中编写页面结构代码，示例代码如下。

```
1   <body>
2     <!-- 导航栏 -->
3     <nav class="navbar navbar-expand-md navbar-dark bg-dark fixed-top">
4     </nav>
5     <!-- 轮播图 -->
6     <div id="carousel" class="carousel slide carousel-fade w-100" data-ride="carousel">
7     </div>
8     <!-- 潮流穿搭技巧模块 -->
9     <div class="trend-skill  mb-4">
10    </div>
11    <!-- 潮流穿搭风格模块 -->
12    <div class="trend-style bg-light">
13    </div>
14    <!-- 潮流穿搭新闻模块 -->
15    <article>
16    </article>
17    <!-- 合作伙伴和著作权声明模块 -->
18    <footer class="bg-dark p-4 text-light text-center">
19    </footer>
20  </body>
```

上述代码中，为页面中的所有模块分别定义了对应的元素，以便在后面的模块代码实现步骤中添加对应的代码。

8.3　代码讲解

8.3.1　导航栏模块

1. 效果展示

首页顶部导航栏使用 <nav> 组件来实现，导航栏模块在 PC 端的页面效果如图 8-12 所示。

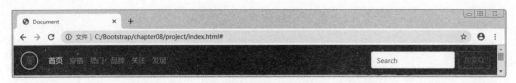

图 8-12　导航栏 PC 端效果

在移动设备上导航菜单会折叠，同时出现一个"▤"按钮，页面效果如图 8-13 所示。单击图 8-13 中的"▤"按钮，折叠菜单会展开，页面效果如图 8-14 所示。

图 8-13　折叠导航菜单　　　　　　　　　图 8-14　折叠菜单展开效果

2. 结构分析

整个导航栏模块可以分为 3 个部分，包括 Logo 区域、折叠按钮区域、导航列表和表单区域，该模块结构设计图如图 8-15 所示。

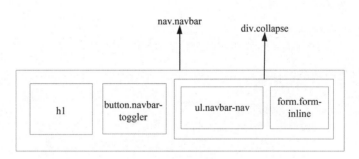

图 8-15　导航栏模块结构设计图

图 8-15 中的导航栏使用 Bootstrap 提供的 <nav> 响应式组件来实现，整个导航栏实现细节说明如下。

（1）Logo 区域：使用 <h1> 标签来包裹 a.navbar-brand 链接，链接里边包含 Logo 图标，作用是增强 Logo 的权重。

（2）折叠按钮区域：使用 button.navbar-toggler 来包含 span.navbar-toggler-icon，实现 ▤ 效果。

（3）导航列表和表单区域：该区域包含 ul.navbar-nav 和 form.form-inline 内容。其中，ul.navbar-nav 用来实现菜单列表，form.form-inline 用来实现搜索输入框和搜索按钮效果。

3. 代码实现

了解了导航栏的页面结构之后，下面编写代码实现该部分效果。

（1）在 C:\Bootstrap\chapter08\project\index.html 文件中，编写导航栏结构代码，示例代码如下。

```
1  <nav class="navbar navbar-expand-md bg-dark navbar-dark fixed-top">
2    <!-- Logo 区域 -->
3    <h1></h1>
4    <!-- 折叠按钮区域 -->
5    <button></button>
6    <div class="collapse navbar-collapse" id="navbar">
7      <!-- 导航列表 -->
8      <ul></ul>
9      <!-- 搜索输入框和搜索按钮区域 -->
10     <form></form>
11   </div>
12 </nav>
```

上述代码中，第 1 行代码使用 <nav> 组件来实现响应式导航栏的布局，其中，.navbar 为导航栏的基础类名，并通过 .navbar-expand-md 来实现导航栏在中等屏幕断点处的折叠效果，.bg-dark 结合 .navbar-dark 实现导航栏黑底白字效果，.fixed-top 实现导航栏固定在顶部效果；第 3 行代码定义企业 Logo 图片区域；第 5 行代码定义折叠按钮区域；第 6 ～ 11 行代码定义导航列表和搜索框区域。图片资源请参考项目源代码。

（2）编写 Logo 区域代码，示例代码如下。

```
1  <nav class="navbar navbar-expand-md bg-dark navbar-dark fixed-top">
2    <!-- Logo 区域 -->
3    <h1 class="title">
4      <a class="navbar-brand" href="#">
5        <img src="images/logo.png" alt="logo" width="40" height="40">
6      </a>
7    </h1>
8  </nav>
```

上述代码中，第 3 ～ 7 行代码用于实现企业 Logo 图片，.navbar-brand 样式用来设置图片自适应导航栏效果。

（3）编写折叠按钮区域代码，示例代码如下。

```
1  <nav class="navbar navbar-expand-md bg-dark navbar-dark fixed-top">
2    <!-- 折叠按钮区域 -->
3    <button class="navbar-toggler" type="button" data-toggle="collapse" data-target="#navbar">
4      <span class="navbar-toggler-icon"></span>
5    </button>
6  </nav>
```

上述代码中，第 3 ～ 5 行代码用于实现折叠菜单区域■■按钮效果。需要注意的是，data-target 属性的值需要与第（4）步骤中的 div.collapse 的 id 值相对应。

（4）编写导航列表代码，示例代码如下。

```
1  <nav class="navbar navbar-expand-md bg-dark navbar-dark fixed-top">
2    <div class="collapse navbar-collapse" id="navbar">
3      <!-- 导航列表 -->
4      <ul class="navbar-nav mr-auto">
5        <li class="nav-item"><a class="nav-link active" href="#">首页 </a></li>
6        <li class="nav-item"><a class="nav-link" href="#">穿搭 </a></li>
7        <li class="nav-item"><a class="nav-link" href="#">热门 </a></li>
8        <li class="nav-item"><a class="nav-link" href="#">品牌 </a></li>
9        <li class="nav-item"><a class="nav-link" href="#">关注 </a></li>
10       <li class="nav-item"><a class="nav-link" href="#">发现 </a></li></ul>
11   </div>
12 </nav>
```

上述代码中，第 2 行代码中 .navbar-collapse 用于对导航栏内容进行分组和隐藏；第 4 ～ 10 行代码用于实现导航菜单列表。

（5）编写搜索输入框和搜索按钮区域代码，示例代码如下。

```
1  <nav class="navbar navbar-expand-md bg-dark navbar-dark fixed-top">
2    <div class="collapse navbar-collapse" id="navbar">
3      <!-- 搜索输入框和搜索按钮区域 -->
4      <form action="###" class="form-inline ml-auto">
5        <input type="text" class="form-control mr-sm-2" placeholder="Search">
6          <button class="btn btn-outline-secondary my-2 my-sm-0" type="submit"> 搜  索 <i class="fa fa-search" aria-hidden="true"></i></button>
7      </form >
8    </div>
9  </nav>
```

上述代码中，第 4 ～ 7 行代码用于实现搜索输入框和搜索按钮区域，其中，第 4 行代码使用 .form-inline 来创建内联表单，第 6 行代码使用 Font Awesome 字体图标来实现搜索按钮效果。

8.3.2　轮播图模块

1. 效果展示

轮播图使用 Bootstrap 提供的轮播插件来实现，轮播图模块在 PC 端的页面效果如图 8-16 所示。

图 8-16　轮播图 PC 端页面效果

在移动设备上，图片的缩放比例会改变，页面效果如图 8-17 所示。

图 8-17　轮播图移动设备显示效果

2．结构分析

整个轮播图模块可以分为 3 个部分，包括轮播图片展示区域、指示器区域和左右切换按钮区域，该模块结构设计图如图 8-18 所示。

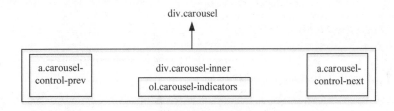

图 8-18　轮播图模块结构设计图

图 8-18 中，整个轮播图包含在 div.carousel 容器中。轮播图模块实现细节说明如下。

（1）图片展示区域：使用 div.carousel-inner 存放轮播图片。

（2）指示器区域：使用 ol.carousel-indicators 存放轮播图计数器，用于控制轮播图播放序列。

（3）左右切换按钮区域：使用 a.carousel-control-prev 和 a.carousel-control-next 来手动控制图片的左右切换。

3．代码实现

了解了轮播图的页面结构之后，下面编写代码实现该部分效果。

（1）在 C:\Bootstrap\chapter08\project\index.html 文件中，编写轮播图结构代码，示例代码如下。

```
1  <div id="carousel" class="carousel slide carousel-fade w-100" data-ride="carousel">
2    <!-- 指示器 -->
3    <ol class="carousel-indicators"></ol>
4    <div class="carousel-inner">
5      <!-- 轮播图片 -->
6      <!-- 左右切换按钮 -->
7    </div>
8  </div>
```

上述代码中，第 1 行代码定义了轮播图组件的 id 值为 carousel；第 3 行代码定义指示器区域；第 4 ～ 7 行代码定义图片展示区域和左右切换按钮区域。

（2）编写图片展示区代码，示例代码如下。

```
1  <div class="carousel-inner">
2    <!-- 轮播图片 -->
3    <div class="carousel-item active">
4      <img src="images/1.jpg" class="mx-auto d-block w-100">
5    </div>
6    <div class="carousel-item">
7      <img src="images/2.jpg" class="w-100">
8    </div>
9    <div class="carousel-item">
10     <img src="images/3.jpg" class="w-100">
11   </div>
12   <div class="carousel-item">
13     <img src="images/4.jpg" class="w-100">
14   </div>
15 </div>
```

上述代码中，第 1 行代码使用 div.carousel-inner 来存放轮播图内容。图片资源请参考本书配套资源。

（3）编写轮播图指示器代码，示例代码如下。

```
1  <!-- 指示器 -->
2  <ol class="carousel-indicators">
3    <li data-target="#carousel" data-slide-to="0" class="active"></li>
4    <li data-target="#carousel" data-slide-to="1"></li>
5    <li data-target="#carousel" data-slide-to="2"></li>
6    <li data-target="#carousel" data-slide-to="3"></li>
7  </ol>
```

上述代码中，第 3 ~ 6 代码中 data-target 的值必须与轮播图的 id 值相对应，即 carousel。

（4）编写左右切换按钮代码，示例代码如下。

```
1  <div class="carousel-inner">
2    <!-- 左右切换按钮 -->
3    <a class="carousel-control-prev" href="#carousel" data-slide="prev">
4      <span class="carousel-control-prev-icon"></span>
5    </a>
6    <a class="carousel-control-next" href="#carousel" data-slide="next">
7      <span class="carousel-control-next-icon"></span>
8    </a>
9  </div>
```

上述代码中，第 3 行和第 6 行代码中 <a> 标签的 href 属性值必须与轮播图的 id 值相对应。

8.3.3　潮流穿搭技巧模块

1. 效果展示

潮流穿搭技巧模块在 PC 端每行显示 2 块内容，页面效果如图 8-19 所示。

在移动设备上内容将会呈竖排显示，页面效果如图 8-20 所示。

图 8-19　潮流穿搭技巧 PC 端页面效果

图 8-20　潮流穿搭技巧
移动设备显示效果

2. 结构分析

整个潮流穿搭技巧模块可以分为两个部分，包括标题区域和信息区域，该模块结构设计图如图 8-21 所示。

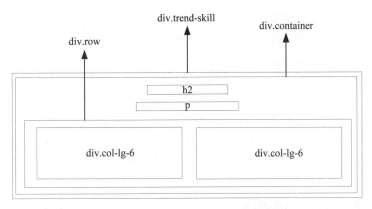

图 8-21 潮流穿搭技巧模块结构设计图

图 8-21 中，整个潮流穿搭技巧模块包含在 div.container 布局容器中。潮流穿搭技巧模块实现细节说明如下。

（1）标题区域：使用 <h2> 和 <p> 标签存放模块标题和说明文字。

（2）信息区域：在布局容器中使用 div.row 通过栅格系统进行布局，将整个信息区域划分为两个部分，每个 div.col-lg-6 中存放 div.media 媒体对象容器，该容器包含 img 和 div.media-body 内容。

3. 代码实现

了解了潮流穿搭技巧模块的页面结构之后，下面编写代码实现该部分效果。

（1）在 C:\Bootstrap\chapter08\project\index.html 文件中，编写潮流穿搭技巧模块结构代码，示例代码如下。

```
1  <div class="trend-skill mb-4">
2    <div class="container">
3      <h2 class="index-h2">潮流穿搭技巧 </h2>
4      <p class="index-h2-p mb-5 mt-3">懂得如何穿搭的人，可以提升自己的时尚度，快来一起学习吧！</p>
5      <div class="row">
6        <!-- 信息区域 -->
7      </div>
8    </div>
9  </div>
```

上述代码中，第 3 行代码使用 <h2> 标签定义标题；第 4 行代码使用 <p> 标签来对标题做进一步的文字描述；第 5 ～ 7 行代码使用栅格布局来划分信息区域的内容。

（2）编写信息区域代码，示例代码如下，图片资源请参考本书配套资源。

```
1  <div class="row">
2    <div class="skill col-lg-6 col-md-6 mb-4">
3      <div class="media">
4        <img src="images/tab-1.png" alt="tab-1">
5        <div class="media-body ml-2">
6          <h5 class="mb-3 text-truncate">保证着装的干净整洁 </h5>
7          <p class="text-muted mb-2 text-justify">干净整洁是每一种造型最基础的要求，即使是白 T 恤 + 牛仔裤 + 运动鞋这样最简单最基本的穿搭，也能够很好地提升你的整体气质，帮你散发出强大的气场 </p>
8        </div>
9      </div>
10   </div>
11   <!-- ... 此处省略多个 div.col-lg-6 -->
12 </div>
```

上述代码中，第 3 ～ 9 行代码使用 div.media 定义了一组媒体对象，该对象包含图片和主体内容。其中，第 4 行代码使用 <img> 标签定义图片信息，第 5 ～ 8 行代码使用 div.media-body 定义媒体对象中的主体内容。

▌▎▏ 多学一招：媒体对象

Bootstrap 中提供了媒体对象，该对象用于构建复杂、重复的内容列表，常见的效果多为图片或其他的多媒体对象居左（或居右）、文字居右（或居左）的布局方式。由于媒体对象采用了 Flexbox 布局，所以只需要引用 .media 和 .media-body 来包裹内容即可。

一组媒体对象大致会分为两部分内容，通常使用 .media 来包裹媒体对象内的所有内容，使用 .media-body 来包裹媒体对象的主体内容。

8.3.4　潮流穿搭风格模块

1. 效果展示

潮流穿搭风格模块在 PC 端每行显示 3 块内容，页面效果如图 8-22 所示。

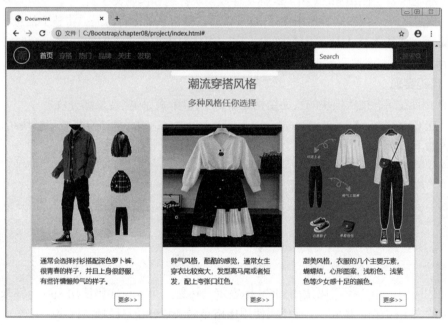

图 8-22　潮流穿搭风格 PC 端页面效果

在移动设备上内容将会呈竖排显示，页面效果如图 8-23 所示。

2. 结构分析

整个潮流穿搭风格模块可以分为两个部分，包括标题区域和信息区域，该模块结构设计图如图 8-24 所示。

图 8-24 中，整个潮流穿搭风格模块包含在 div.container 布局容器中。潮流穿搭风格模块实现细节说明如下。

（1）标题区域：使用 <h2> 和 <p> 标签存放模块标题和说明文字。

（2）信息区域：在布局容器中，使用 div.row 通过栅格系统进行布局，将整个信息区域划分为 3 个部分，分别在每个 div.col-md-4 中存放 div.card 卡片组件，该组件包含 img 图片内容和 div.card-body 内容。

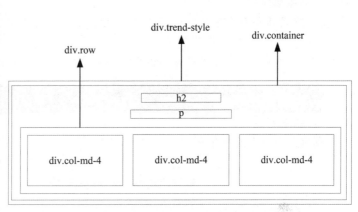

图 8-23　潮流穿搭风格移动设备显示效果　　　　图 8-24　潮流穿搭风格模块结构设计图

3. 代码实现

了解了潮流穿搭风格模块的页面结构之后，下面编写代码实现该部分效果。

（1）在 C:\Bootstrap\chapter08\project\index.html 文件中，编写潮流穿搭风格模块结构代码，示例代码如下。

```
1  <div class="trend-style bg-light">
2    <div class="container py-2">
3      <h2 class="index-h2">潮流穿搭风格 </h2>
4      <p class="index-h2-p mb-5 mt-3">多种风格任你选择 </p>
5      <div class="row">
6        <!-- 信息区域 -->
7      </div>
8    </div>
9  </div>
```

上述代码中，第 3 行代码使用 <h2> 标签定义标题；第 4 行代码使用 <p> 标签来对标题做进一步的文字描述；第 5 ~ 7 行代码使用栅格布局来划分信息区域的内容。

（2）编写信息区域代码，示例代码如下。

```
1  <div class="row">
2    <div class="col-md-4">
3      <div class="card mb-4 shadow-sm">
4        <img src="images/chao-1.png" alt="" class="w-100">
5        <div class="card-body">通常会选择衬衫搭配深色萝卜裤，很青春的样子，并且上身很舒服，有些许慵
懒帅气的样子。
6          <div class="d-flex justify-content-end">
7            <button type="button" class="btn btn-sm btn-outline-secondary">更多 >></button>
8          </div>
9        </div>
10       </div>
11     </div>
12     <!-- ...此处省略多个 div.col-md-4 -->
13   </div>
```

上述代码中，第 3 ～ 10 行代码使用 div.card 定义了一组卡片内容，该内容包含图片和主体内容。其中，第 4 行代码使用 <img> 标签定义图片信息，第 5 ～ 9 行代码使用 div.card-body 定义卡片中的主体内容。

8.3.5 潮流穿搭新闻模块

1. 效果展示

潮流穿搭新闻模块在 PC 端每行显示一块内容，页面效果如图 8–25 所示。

图 8–25　潮流穿搭新闻 PC 端页面效果

在移动设备上一部分内容会隐藏，页面效果如图 8–26 所示。

2. 结构分析

整个潮流穿搭新闻模块可以分为两个部分，标题区域和新闻内容展示区域，该模块结构设计图如图 8–27 所示。

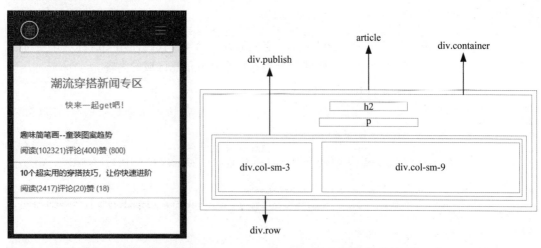

图 8–26　潮流穿搭新闻移动设备显示效果　　　　图 8–27　潮流穿搭新闻模块结构设计图

图 8–27 中，整个潮流穿搭新闻模块包含在 div.container 布局容器中。潮流穿搭新闻模块实现细节说明如下。

（1）标题区域：使用 <h2> 和 <p> 标签存放模块标题和说明文字。

（2）新闻内容展示区域：使用 div.publish 包裹整个内容区域，在 div.publish 容器中使用 div.row 通过栅格系统进行布局，将整个新闻内容展示区域划分为两个部分，在左侧 div.col-sm-3 中存放图片的信息，在右侧 div.col-sm-9 中存放新闻的内容。

3. 代码实现

了解了潮流穿搭新闻模块的页面结构之后，下面编写代码实现该部分效果。

（1）在 C:\Bootstrap\chapter08\project\index.html 文件中，编写潮流穿搭新闻模块结构代码，示例代码如下。

```
1  <article>
2    <div class="container">
3      <h2 class="index-h2">潮流穿搭新闻专区 </h2>
4      <p class="index-h2-p mb-5 mt-3">快来一起 get 吧! </p>
5      <div class="publish">
6        <div class="row">
7          <!-- 新闻内容展示区域 -->
8        </div>
9        <!-- ...此处省略多个 div.row -->
10     </div>
11   </div>
12 </article>
```

上述代码中，第 3 行代码使用 <h2> 标签定义标题；第 4 行代码使用 <p> 标签来对标题做进一步的文字描述；第 6 ～ 8 行代码使用 div.row 栅格布局来划分新闻内容展示区域。

（2）编写新闻内容展示区域的代码，示例代码如下。

```
1  <div class="row">
2    <div class="col-sm-3 mt-2 d-none d-sm-block">
3      <img src="images/new-1.png" alt="" class="w-100">
4    </div>
5    <div class="col-sm-9">
6      <h3>趣味简笔画 -- 童装图案趋势 </h3>
7      <p class="text-muted d-none d-sm-block">dabai 发布于 2019-12-23</p>
8      <p class="d-none d-sm-block">简笔涂鸦中蕴含作者的想象力，笔触中携带着情感张力，简简单单的勾画就呈现出事物本来的特质，是童装图案中不可或缺的组成部分。本篇报告集合了众多充满趣味性的原创涂鸦小小图案供设计师参考使用 </p>
9      <p class="text-muted">阅 读 (102321) 评 论 (400) 赞 (800) <span class="d-none d-sm-block">标签：健康 / 衣服 / 杂志 / 模特 / 服装 / 电商 / 趣味生活 </span>
10     </p>
11   </div>
12 </div>
```

上述代码中，第 2 ～ 4 行代码使用 div.col-sm-3 定义图片；第 5 ～ 11 行代码使用 div.col-sm-9 定义新闻的内容。需要说明的是，通过使用 .d-none 结合 .d-sm-block 类来隐藏所有屏幕尺寸的元素，小型设备除外。

8.3.6　合作伙伴和著作权声明模块

1. 效果展示

合作伙伴和著作权声明模块在 PC 端的页面效果如图 8-28 所示。

打开 Chrome 的开发者工具，测试页面在移动设备模拟环境下的页面效果如图 8-29 所示。

2. 结构分析

整个合作伙伴和著作权声明模块可以分为两个部分，包括合作伙伴图标展示部分和著作权声明部分。该模块结构设计图如图 8-30 所示。

图 8-28　合作伙伴和著作权声明 PC 端页面效果

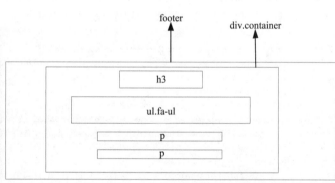

图 8-29　合作伙伴和著作权声明
　　　　　移动设备显示效果

图 8-30　合作伙伴和著作权声明模块结构设计图

　　图 8-30 中，整个合作伙伴和著作权声明模块包含在 div.container 布局容器中。其中，合作伙伴部分包含 h3 标题和 ul.fa-ul 企业 Logo 内容，著作权声明部分包含 p 段落内容。该模块具体实现细节说明如下。

　　（1）合作伙伴图标展示部分：使用 <h3> 和 <ul> 标签分别存放模块标题和企业 Logo 图标。

　　（2）著作权声明部分：使用 <p> 标签来声明版权所有权，包括版权、备案号等。

3. 代码实现

　　了解了合作伙伴和著作权声明模块的页面结构之后，下面编写代码实现该部分效果。

　　在 C:\Bootstrap\chapter08\project\index.html 文件中，编写合作伙伴和著作权声明模块代码，示例代码如下。

```
1    <footer class="bg-dark p-4 text-light text-center">
2      <div class="container">
```

```
3          <h3> 合作伙伴 </h3>
4          <ul class="fa-ul">
5            <li class="list-inline-item"><a href="#"><i class="fa fa-cc-discover fa-2x text-
white" aria-hidden="true"></i></a></li>
6            <!-- ...此处省略多个 li -->
7          </ul>
8          <p class="m-1"> 企业培训 | 合作事宜 | 版权投诉 </p>
9          <p> 冀 ICP 备 12345678. © 2019-2025 chaoliuchuanda. Powered by chaopai.</p>
10       </div>
11    </footer>
```

上述代码中，第 3 行代码定义合作伙伴标题；第 4 ～ 7 行代码使用 <i> 标签定义企业 Logo 字体图标，在这里使用的是 Font Awesome 图标；第 8 ～ 9 行代码定义著作权声明的内容。

本章小结

本章通过"潮流穿搭网站"项目首页的响应式页面制作，对 Bootstrap 中常用的样式、组件和插件等内容进行了综合练习，重点运用了栅格系统、媒体对象、轮播图、导航栏和布局容器等技术。建议读者在学习本章的内容时，首先熟悉前面几章讲解的知识点内容，在完全掌握了本章的内容之后，可以尝试在本项目中增加其他的功能模块，进一步完善本项目的功能。通过对本章项目的学习，读者需要将所学的技术知识运用到实际项目开发中。

课后练习

一、填空题

1. Bootstrap 4 中提供了_____类，用来表示 CSS 样式代码 { margin-bottom: 3rem !important; }。
2. 在 <nav> 组件中，可以使用_____类实现导航栏顶部固定效果。
3. 如果想要创建显示在同一行上的弹性盒子容器，可以使用_____类。
4. Bootstrap 4 中可以使用_____类定义卡片中的主体内容。
5. 可以给元素同时添加 .d-none 结合_____类，实现元素除了在小屏设备上显示外，在其他的屏幕设备上元素都隐藏的效果。

二、判断题

1. Bootstrap 4 中使用 margin 的简写 .m-* 来设置元素的内边距。　　　　　　（　　）
2. Font Awesome 库提供了可缩放矢量图标，并且可以通过 CSS 代码来控制字体的大小和颜色。　　　　　　　　　　　　　　　　　　　　　　　　　　　　　（　　）
3. .bg-dark 结合 .navbar-dark 可以设置导航栏实现白底黑字效果。　　　　（　　）
4. 在使用轮播组件时，左右切换按钮中的 <a> 标签上的 href 属性，必须与轮播图组件的 id 值相一致。　　　　　　　　　　　　　　　　　　　　　　　　　　　　（　　）
5. Bootstrap 4 中媒体对象只需要引用 .media 和 .media-body 来包裹内容即可。（　　）

三、选择题

1. 下列选项中关于 Bootstrap 4 提供的内外边距的设置，描述错误的是（　　　）。
    A. 类名 .my-*，设置元素的上边距和下边距

  B.　边距值可以选取 0 ～ 4 和 auto

  C.　类名 .mr-*，设置元素的右边距

  D.　类名 .ml-auto，设置元素的左边距为 auto

2.　关于轮播图组件说法正确的是（ ）。

  A.　使用 div.carousel-inner 存放轮播图片

  B.　使用 div.carousel-indicators 存放轮播计数器，用于控制轮播图序列

  C.　使用 a.carousel-control-prev 和 a.carousel-control-next 来手动控制图片的上下切换

  D.　以上全部

3.　下列选项中关于媒体对象的说法错误的是（ ）。

  A.　媒体对象采用了浮动布局

  B.　媒体对象用于构建复杂、重复的内容列表

  C.　通常使用 .media 来包裹媒体对象内的所有内容

  D.　通常使用 .media-body 来包裹媒体对象的主体内容

4.　下列选项中关于 Bootstrap 4 的 Flex 布局说法正确的是（ ）。

  A.　使用 .d-flex 类可以将任何一个容器指定为 Flex 布局

  B.　默认使用 .flex-column 类来设置项目在垂直方向显示

  C.　使用 .justify-content-around 类设置元素在主轴的两端对齐方式

  D.　使用 .justify-content-between 对齐方式，项目之间的间隔比项目与边框的间隔大一倍

四、编程题

请通过代码简单地实现轮播图页面效果。